U0156496

写给设计师的书

软装饰
设计手册
（第2版）

陈晓龙◎编著

清华大学出版社
北京

内 容 简 介

本书是一本全面介绍软装饰设计的图书，突出特点是知识易懂、案例易学，在强调创意设计的同时，应用案例博采众长，举一反三。

本书从学习软装饰设计的基础知识入手，循序渐进地为读者呈现一个个精彩实用的知识点和技巧。本书共分为 7 章，内容分别为软装饰设计的原理、软装饰设计的色彩基础知识、室内家居设计的基础色、软装饰设计的元素、软装饰设计的风格、软装饰设计的视觉印象、室内软装饰设计秘籍。同时本书还在多个章节中安排了案例解析、设计技巧、配色方案、设计欣赏、设计实战、设计秘籍等经典模块，既丰富了本书内容，也增强了易读性和实用性。

本书内容丰富、案例精彩、版式设计新颖，不仅适合软装饰设计师、室内设计师、环境设计师使用，也可以作为大中、专院校环境艺术设计专业及软装饰设计培训机构的教材，还非常适合喜爱软装饰设计的读者朋友作为参考用书。

图书在版编目 (CIP) 数据

软装饰设计手册 / 陈晓龙编著 . —2 版 . —北京：清华大学出版社，2023.6
（写给设计师的书）
ISBN 978-7-302-63809-4

Ⅰ . ①软… Ⅱ . ①陈… Ⅲ . ①室内装饰设计－手册 Ⅳ . ① TU238.2-62

中国国家版本馆 CIP 数据核字 (2023) 第 102576 号

责任编辑：韩宜波
封面设计：杨玉兰
责任校对：周剑云
责任印制：杨 艳

出版发行：清华大学出版社
   网   址：http://www.tup.com.cn, http://www.wqbook.com
   地   址：北京清华大学学研大厦 A 座   邮 编：100084
   社 总 机：010-83470000   邮 购：010-62786544
   投稿与读者服务：010-62776969, c-service@tup.tsinghua.edu.cn
   质量反馈：010-62772015, zhiliang@tup.tsinghua.edu.cn
印 装 者：小森印刷霸州有限公司
经 销：全国新华书店
开 本：190mm×260mm 印 张：12.5 字 数：304 千字
版 次：2018 年 6 月第 1 版 2023 年 8 月第 2 版 印 次：2023 年 8 月第 1 次印刷
定 价：69.80 元

产品编号：097276-01

前言
FOREWORD

　　本书是笔者从事软装饰设计工作多年所做的一个经验和技能总结，希望通过本书的学习可以让读者少走弯路寻找到设计捷径。书中包含了软装饰设计必学的基础知识及经典技巧。身处设计行业，你一定要知道"光说不练假把式"，因此本书不仅有理论和精彩案例赏析，还有大量的实用模块启发你的大脑，提升你的设计能力。

　　希望读者看完本书后，不只会说"我看完了，挺好的，作品好看，分析也挺好的"，这不是笔者编写本书的目的。希望读者会说"这本书带给我更大的价值是思路的启发，让我的思维更开阔，学会了举一反三，知识通过吸收消化变成了自己的"，这才是笔者编写本书的初衷。

本书共分 7 章，具体安排如下。

　　第 1 章　软装饰设计的原理，介绍软装饰设计的概念、点、线、面以及软装饰设计的原则和法则，这是最简单、最基础的原理部分。

　　第 2 章　软装饰设计的色彩基础知识，包括色相、明度、纯度、主色、辅助色、点缀色等。

　　第 3 章　软装饰设计的基础色，包括红、橙、黄、绿、青、蓝、紫、黑、白、灰 10 种颜色，逐一分析讲解每种色彩在软装饰设计中的应用规律。

　　第 4 章　软装饰设计的元素，包括灯饰、窗帘、织物、壁纸、绿植、挂画、花艺、饰品 8 种。

　　第 5 章　软装饰设计的风格，包括 9 种不同风格的软装饰设计。

　　第 6 章　软装饰设计的视觉印象，包括 9 种不同的视觉印象。

　　第 7 章　室内软装饰设计秘籍，精选 15 个设计秘籍，可以让读者轻松、愉快地了解掌握软装饰设计的干货和技巧。本章也是对前面章节所学知识点的巩固和提高，需要读者认真领悟并动脑筋思考。

本书特色如下。

　　◎ 轻鉴赏，重实践。鉴赏类图书注重案例赏析，但读者往往看完自己还是设计不好，本书则不同，增加了多个动手的模块，让读者可以边看边学边练。

　　◎ 章节合理，易吸收。第 1~3 章主要讲解软装饰设计的基本知识；第 4~6 章介绍软装饰设计的元素、风格、视觉印象；最后一章以简洁的语言剖析了 15 个设计秘籍。

◎ 由设计师编写，写给未来的设计师看。了解读者的需求，针对性强。

◎ 模块超丰富。案例解析、设计技巧、配色方案、设计欣赏、设计实战、设计秘籍在本书都能找到，一次性满足读者的求知欲。

◎ 本书是系列设计图书中的一本。在本系列图书中读者不仅能系统地学习软装饰设计方面的知识，而且还可以全面了解软装饰设计规律和设计秘籍。

希望通过本书对知识的归纳总结、丰富的模块讲解，能够打开读者的思路，避免一味地照搬书本内容，启发读者自觉多做尝试，在实践中融会贯通、举一反三。从而激发读者的学习兴趣，开启软装饰设计的大门，帮助读者迈出设计的第一步，圆读者一个设计师的梦！

本书以二十大提出的推进文化自信自强的精神为指导思想，围绕国内各个院校的相关设计专业进行编写。

本书由三亚学院的陈晓龙老师编写，其他参与本书内容编写和整理工作的人员还有杨力、王萍、李芳、孙晓军、杨宗香等。

由于编者水平有限，书中难免存在错误和不妥之处，敬请广大读者批评和指正。

编　者

第**4**章IIIIIIIIIIIIIIIIIIIIIIIIIIIII

软装饰设计的元素

第5章

软装饰设计的风格

第6章
软装饰设计的视觉印象

第7章
室内软装饰设计秘籍

第  章 **软装饰设计的原理**

　　室内设计的舒适度影响着人们的生活质量。在进行空间设计、家具陈列时，要从不同角度、以不同的方式，由整体到局部地布置，不放过每一个细节。其中，软装饰设计是非常重要的环节。软装饰设计是通过那些易更换、易变动的家具、布艺和饰品，如矮柜、窗帘、抱枕、装饰画、工艺品等，对室内已经装修完的空间进行再次装饰。软装饰可以根据主人的生活习惯、经济情况结合室内空间的大小，对空间进行最后装饰，使整体空间变得更加符合用户需求。软装饰相对于硬装饰具有灵活性，可以随时更新，增添不同的新元素，不需要花费很多钱就能使空间呈现出新面貌，给人新鲜的感觉。

1.1 软装饰设计的概念

　　软装饰设计是指空间可移动的元素，包括家具、装饰画、窗帘、灯具、绿植、地毯等物品，通过合理的布局与装饰，使得空间由多个部分构成一个整体，使家居的风格、家具的摆设等多重元素得到系统化的统一。软装饰的设计受到多方面因素的制约，要考虑房屋面积、居住者的经济水平、家庭人口等，因此在装饰时要事先和主人沟通好。

　　特点：

　◆　要从实际的居住情况来考虑，注重功能性，合理安排布局。同时保证实用性与舒适度，要明确各个空间的主要功能。

　◆　整个空间的基本风格要一致。

　◆　物品的颜色应该协调。例如一般情况下，天花板为浅色，地板为深色，避免给人一种"头重脚轻"的感觉。

1.2 软装饰设计的点、线、面

室内设计中的点、线、面是基本艺术表现元素，它们具有多种不同的表现手法。它们不仅可以单独使用，也可以结合运用，这样可使整体空间变得更富有层次感、立体感。

◎1.2.1 点

点是无处不在的，由于方向、远近的不同，点没有固定大小和形体，它可以根据参照物的不同进行随意的伸缩。在室内设计中，点可以形成聚合形态，构成视觉中心。例如，欧式风格客厅中的水晶吊顶就可以认为是一个点，以它为中心进行装饰和布置，可以使整个空间呈现出华丽的效果。

◎1.2.2 线

线既是由点的运动所形成的轨迹，又是面的边界。在室内设计中，线是构成形体的框架，不同数量和方向的线所构成的形态与质感各有不同，它能够令室内环境更具有节奏感。例如，房梁的设计，会给人一种坚硬、安全的感觉；螺旋楼梯的设计，会给人一种柔美、运动的视觉感受。线在多种室内软装饰风格中都有所体现，如工业风格的设计、简约风格的设计等。

◎1.2.3　面

　　面是线移动的轨迹，具有长度和宽度，却没有厚度。面在室内设计中是由空间构成的，而面的多种组成可构成立体，因此面也能为空间带来丰富的表现效果。例如，地板、天花板的装饰，可以区分空间的层次感；墙面的壁纸，具有装饰的作用，可以作为空间的区域划分；在空间中大面积地使用镜子，能让人的视觉观感得到延续。面在造型、色彩等方面可以设计出很多不同的效果。

1.3 软装饰设计原则

软装饰设计主要以实用性、舒适性、统一性、艺术性为设计理念，所以要以这 4 项为软装饰设计的基本原则。

◎ 1.3.1　实用性原则

实用性原则是软装饰设计最基本的原则，整个空间应该在考虑实用性之后再考虑美观性。房间要便于生活，所以要注意空间的利用，要注重功能性。以小户型空间为例，可以在墙上打造壁柜，利用空间进行物品收纳。

◎1.3.2 舒适性原则

舒适性原则是软装饰设计的次要原则，也就是说，当劳累了一天的主人回到家里，可以在舒适的空间中得到身体上的放松，舒缓心理压力。例如，客厅是家庭空间的中心，所以舒适的沙发是必不可少的。

◎1.3.3 统一性原则

空间中的软装饰设计要以统一的风格或视觉印象为主题，其中软装饰中有关的材质、色彩，在风格上应该大致保持统一。比如家里面的硬装采用地中海风格，在软装饰上，就可以以蓝色为主色调，墙面上的挂饰可以用海洋元素。

◎1.3.4 艺术性原则

艺术性原则是指软装饰设计应做到科学与艺术相结合，不仅能够揭示事物的空间关系，也能够通过一些艺术性的表达形式来传播陈列品的意义与丰富的内涵，并根据展示品的灵活性特点，通过空间、位置、摆放方法来充分展现空间美感。

1.4 软装饰设计的法则

　　软装饰设计是为了满足用户一定的审美要求和视觉感受而进行的空间装饰。软装饰设计有六大法则，即形式美法则、平衡法则、视觉法则、以小见大法则、联想法则和直接展示法则。

◎ 1.4.1 形式美法则

形式美法则是人类在创造美的形式、美的过程中对美的形式规律的经验总结和抽象概括。形式美法则在软装饰设计中的表现主要有对称与统一、节奏与韵律、和谐等。

◎ 1.4.2 平衡法则

平衡法则是指空间中的陈列按照对称式的摆放方法，使空间达到一种相对平衡和对称的效果。平衡法则是室内空间设计中常见的一种表现手法，中式风格、欧式风格、美式风格等都广泛用到这一法则。

◎1.4.3　视觉法则

视觉法则是指通过软装色彩的组合表现，有效地吸引人们的注意力，从而实现空间的形象化和视觉化，带给人华丽、可爱、复古、自然等视觉印象。

◎1.4.4　以小见大法则

以小见大法则是指物品在一点或一个空间范围进行集中摆放或延伸摆放，在人们的视觉上增加空间感，使人感觉整个空间变大；也可以通过小的物品，体现出主人的生活品质。

◎1.4.5 联想法则

联想法则是指通过设计师丰富的想象，提升艺术形象的表现力，增强画面的感染力度。从装饰的材质、外形等方面给人带来直观的视觉感受，留有一定的想象空间。

◎1.4.6 直接展示法则

　　直接展示法则在软装饰设计中的应用较为广泛，是指将物品或装饰品直接展示在空间中，用以充实整个房间，给人一种充实但不杂乱的感觉。

第2章 软装饰设计的色彩基础知识

软装饰设计的主要目的是打造舒适、美观的室内空间。

室内色彩设计主要是为了满足功能性需求，力求将色彩与房屋空间结构相结合，充分发挥色彩在空间的作用。此外，还要争取空间的协调统一性，使空间呈现出令人舒适的视觉效果。空间大面积色块不宜选用鲜艳的颜色，所以在软装饰上，可以选用明亮的颜色作为点缀，以提高空间色彩的明度与纯度。

人对于颜色较为直观的感受是冷和暖，在色相环中绿色一侧的色相为冷色，红色一侧的色相为暖色。冷色常给人一种冷静、干净的感觉，暖色常给人一种温馨、亲切的感觉。浅色系给人的感觉较为柔软，而深色系给人的感觉较为厚重。而不同的色彩在进行搭配时产生的感受又是不同的，由此可见色彩的无穷魅力。

2.1 色彩知识

　　色彩是一种视觉感受，是光通过眼睛、大脑和人们的生活经验所形成的对光的视觉效应。色彩关系中最大的整体就是画面的色调，把握好整体色彩的倾向，再去调和色彩的变化才能做到画面更有协调性。色彩是一种诉说人情感的表达方式之一，对人的心理和生理都会产生一定的影响。在设计中，可以利用人对色彩的感受来创造富有个性的画面，从而使设计更为突出。

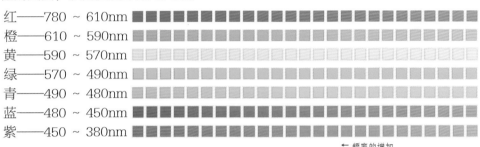

红——780 ～ 610nm
橙——610 ～ 590nm
黄——590 ～ 570nm
绿——570 ～ 490nm
青——490 ～ 480nm
蓝——480 ～ 450nm
紫——450 ～ 380nm

颜色	频率	波长
紫色	668～789 THz	380～450 nm
蓝色	630～668 THz	450～475 nm
青色	606～630 THz	475～495 nm
绿色	526～606 THz	495～570 nm
黄色	508～526 THz	570～590 nm
橙色	484～508 THz	590～620 nm
红色	400～484 THz	620～750 nm

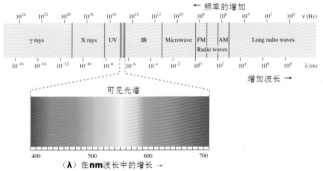

2.2　色相、明度、纯度

色彩的属性是指色相、明度、纯度三种性质。

色相是指颜色的基本相貌，它是色彩的首要特性，是区别色彩的最精确的准则。色相是由原色、间色、复色组成的。而色相是由不同的波长来决定的，即使是同一种颜色也要分不同的色相，如红色可分为鲜红、大红、橘红等，蓝色可分为湖蓝、蔚蓝、钴蓝等，灰色可分为红灰、蓝灰、紫灰等。人眼可分辨出 100 多种不同的颜色。

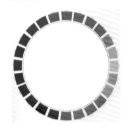

明度是指色彩的明暗程度，明度不仅表现物体的照明程度，还表现反射程度。可将明度分为九个级别，最暗为 1，最亮为 9，并划分出下述三种基调。

(1) 1 至 3 级为低明度的暗色调，给人一种沉着、厚重、忠实的感觉。

(2) 4 至 6 级为中明度色调，给人一种安逸、柔和、高雅的感觉。

(3) 7 至 9 级为高明度的亮色调，给人一种清新、明快、华美的感觉。

纯度是指色彩的饱和程度，也指色彩的纯净程度。纯度在色彩搭配上具有强调主题的作用，能够带来意想不到的视觉效果。纯度较高的颜色会给人强烈的刺激感，能够给人留下深刻的印象，但也容易造成疲倦感，与一些低明度的颜色相配合则会显得细腻舒适。纯度也可分为下述三种基调。

(1) 高纯度——8 至 10 级为高纯度，会产生强烈、鲜明、生动的感觉。

(2) 中纯度——4 至 7 级为中纯度，会产生适当、温和的平静感觉。

(3) 低纯度——1 至 3 级为低纯度，会产生细腻、雅致、朦胧的感觉。

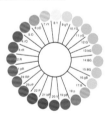

2.3　主色、辅助色、点缀色

软装饰设计要注重色彩的主次性。根据色彩的面积和作用，通常可将色彩分为主色、辅助色、点缀色三种。

1. 主色

主色是软装饰设计中的主体色彩，起着主导的作用，是空间中不可忽视的一部分。一般来说，空间中占据面积最大的颜色即为主色。

2. 辅助色

辅助色是补充、辅助或丰富空间主色的色彩，它可以与主色是邻近色，也可以是互补色。不同的辅助色会改变空间蕴含的情感，给人带来不一样的视觉效果。

3. 点缀色

点缀色在空间中占有极小的一部分，易于变化又能提升整体造型效果，还可以烘托整个空间的风格，彰显出自身固有的魅力。点缀色可以理解为点睛之笔，是整个设计的亮点所在。通常点缀色可以设置为与主色色相相差较大的颜色。

2.4　邻近色、对比色

邻近色与对比色在软装饰设计中运用得比较广泛，装饰设计的过程中不仅要注重功能性，还要用色彩来表现空间的丰富景象。其与不同的元素相结合，能够完美地展现出空间的魅力所在。

1. 邻近色

邻近色是指在色相环上相邻近的颜色，邻近色往往你中有我，我中有你。在色相环中相距60°~90°之间，它们色相彼此相近，色彩冷暖性质相同，具有一致的情感色彩。

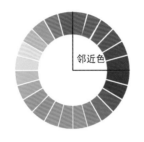

2. 对比色

对比色是指在色相环上相距120°~180°之间的颜色。其中相距180°的称为互补色。

2.5　色彩混合

色彩混合是指某一种色彩中混入另一种色彩。两种不同的色彩混合后，会获得第三种色彩。色彩的混合有加色混合、减色混合和中性混合三种形式。

1. 加色混合

在对已知光源色的研究过程中，发现色光的三原色与颜料色的三原色有所不同，色光的三原色为红（略带橙色）、绿、蓝（略带紫色），而色光三原色混合后的间色（红紫、黄、绿青）相当于颜料色的三原色。色光在混合中会使色光明度增加，使色彩明度增加的混合方法称为加色混合，也叫色光混合。例如下述几种类型：

(1) 红光 + 绿光 = 黄光；

(2) 红光 + 蓝光 = 品红光；

(3) 蓝光 + 绿光 = 青光；

(4) 红光 + 绿光 + 蓝光 = 白光。

2. 减色混合

当色料混合在一起时，呈现出另一种颜色效果，就是减色混合。色料的三原色分别是品红、青和黄色，因为一般三原色色料的颜色本身就不够纯正，所以混合以后的色彩也不是标准的红、绿和蓝色。三原色色料的混合有下述几种规律：

(1) 青色 + 品红色 = 蓝色；

(2) 青色 + 黄色 = 绿色；

(3) 品红色 + 黄色 = 红色；

(4) 品红色 + 黄色 + 青色 = 黑色。

3. 中性混合

中性混合是指混合色彩既没有提高，也没有降低的色彩混合。中性混合主要有两种混合方式，即色盘旋转混合与空间视觉混合。若把红、橙、黄、绿、蓝、紫等色料等量地涂在圆盘上，旋转后呈浅灰色。把品红、黄、青涂上，或者是涂上品红与绿、黄与蓝紫、橙与青等互补色，只要比例适当，都能呈浅灰色。

(1) 色盘旋转混合。

在圆形转盘上贴上两种或多种色纸，并使此圆盘快速旋转，即可产生色彩混合的现象，我们称为色盘旋转混合。

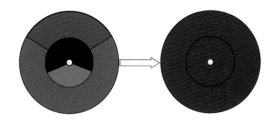

(2) 空间视觉混合。

根据色相与色彩明度的差别，将其以点、线、面等形状组合在一起，通过一定的空间距离，影响人们对于色彩的感知，产生视觉错觉，从而形成色彩的空间视觉混合。

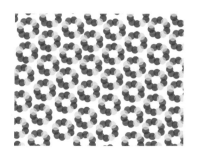

2.6 色彩与软装饰设计的关系

色彩感受是指当人们看到该色彩时产生的心理感受或生理感受。人们受色彩明度及纯度的影响，会产生冷暖、轻重、远近等不同感受和联想。因此，在软装饰设计中利用人对色彩的感觉，可创造富有个性层次感的空间。

色彩的冷暖感觉是人们在生活实践中由联想而形成的感受。例如，红、橙、黄等暖色系的颜色可以给人温暖的感觉，能够提升画面的温馨、暖意感；而青、蓝、紫以及黑、白、灰则会给人清凉爽朗的感觉；因绿色和紫色等邻近色给人的感觉是不冷不暖，故称为"中性色"，常给人一种稳定、稳重的感觉。

2.7 常用色彩搭配

较协调的室内色彩搭配	较冲突的室内色彩搭配
■ RGB=106,81,84 CMYK=64,70,61,15	■ RGB=100,113,179 CMYK=69,57,8,0
■ RGB=195,193,194 CMYK=27,23,20,0	■ RGB=245,73,0 CMYK=2,84,98,0
■ RGB=66,59,30 CMYK=72,68,97,45	■ RGB=84,160,79 CMYK=70,21,85,0
□ RGB=247,249,240 CMYK=5,2,8,0	■ RGB=232,228,227 CMYK=11,11,10,0
■ RGB=16,33,25 CMYK=88,74,86,64	■ RGB=48,209,11 CMYK=5,23,88,0
■ RGB=83,75,39 CMYK=68,64,95,32	■ RGB=236,87,156 CMYK=9,79,7,0
■ RGB=65,49,24 CMYK=69,73,97,50	■ RGB=175,187,235 CMYK=37,25,0,0
■ RGB=201,202,201 CMYK=25,18,19,0	■ RGB=255,232,181 CMYK=1,12,34,0
■ RGB=122,66,39 CMYK=53,78,93,25	■ RGB=245,47,255 CMYK=1,91,90,0
■ RGB=197,124,73 CMYK=29,60,75,0	■ RGB=29,202,31 CMYK=7,26,86,0
■ RGB=118,132,117 CMYK=61,45,55,0	■ RGB=140,139,107 CMYK=53,43,61,0
■ RGB=157,187,150 CMYK=45,18,47,0	■ RGB=241,240,220 CMYK=8,5,17,0
■ RGB=67,90,82 CMYK=78,59,67,18	□ RGB=251,255,221 CMYK=5,0,19,0
■ RGB=231,229,188 CMYK=14,9,32,0	■ RGB=233,55,137 CMYK=10,88,15,0
■ RGB=47,62,57 CMYK=82,68,73,39	■ RGB=255,198,181 CMYK=0,32,25,0
■ RGB=193,191,185 CMYK=29,23,25,0	■ RGB=50,30,137 CMYK=95,100,15,0
■ RGB=147,65,65 CMYK=254,85,73,11	■ RGB=165,45,20 CMYK=42,94,100,8
■ RGB=136,187,179 CMYK=52,15,33,0	■ RGB=232,222,187 CMYK=13,13,31,0
■ RGB=193,205,133 CMYK=32,13,57,0	■ RGB=252,120,26 CMYK=0,66,88,0
■ RGB=116,101,85 CMYK=61,66,67,9	■ RGB=97,65,42 CMYK=61,73,88,34
■ RGB=39,21,34 CMYK=81,90,71,61	■ RGB=66,137,204 CMYK=74,41,5,0
■ RGB=111,70,86 CMYK=63,78,56,14	■ RGB=253,229,16 CMYK=8,10,86,0
■ RGB=213,163,175 CMYK=20,43,21,0	■ RGB=250,232,213 CMYK=3,12,18,0
■ RGB=227,191,189 CMYK=13,31,21,0	■ RGB=199,217,229 CMYK=26,11,8,0
■ RGB=195,139,151 CMYK=29,53,30,0	■ RGB=162,239,245 CMYK=38,0,12,0
■ RGB=79,81,110 CMYK=78,72,45,6	■ RGB=86,203,198 CMYK=62,0,32,0
■ RGB=110,117,144 CMYK=65,54,33,0	■ RGB=55,139,140 CMYK=77,35,47,0
■ RGB=232,227,202 CMYK=12,14,24,0	■ RGB=228,243,233 CMYK=14,1,12,0
■ RGB=181,200,191 CMYK=35,15,26,0	■ RGB=237,31,27 CMYK=6,95,94,0
■ RGB=95,110,105 CMYK=70,54,58,4	■ RGB=251,231,172 CMYK=4,12,39,0

第3章

室内家居设计基础色

红\橙\黄\绿\青\蓝\紫\黑、白、灰

　　色彩在家居装饰中占据举足轻重的地位，它可以给人们带来多姿多彩的家居生活，又能唤起人们内心深处的情感。室内家居的基础色主要分为红、橙、黄、绿、青、蓝、紫、黑、白、灰。

　◆　红色具有热情、喜庆的含义，是最为温暖的色彩，在室内装点一抹红色可以活跃空间气氛。

　◆　橙色是充满活力的颜色，可以营造欢快的气氛，给人一种暖意。

　◆　黄色比较明亮耀眼，缺少重量感，能够使空间更为活泼。

　◆　绿色没有黄色明亮，却能营造出大自然的清新感觉。

　◆　青色比较亮丽，是很多年轻人的选择。

　◆　蓝色比较博大，拥有大海的寓意，给人一种理智和宽广的感觉。

　◆　紫色是时尚的代表又是神秘的主导，能够给人留下深刻的印象。

　◆　黑、白、灰：黑色给人深邃的感觉，白色则给人纯净淡雅的感觉，灰色比较柔和，是内涵修养的代表色。

3.1 红

⊙3.1.1 认识红色

　　红色：是一种给人温暖、热情感觉的色彩。将强烈的色彩运用到空间中，对视觉有一定的冲击力。红色可以表现出热情、开朗、青春活力、进取心等，也可以给人带来好运和财富。

　　色彩情感：火热、希望、温暖、喜庆、积极、危险、警告等。

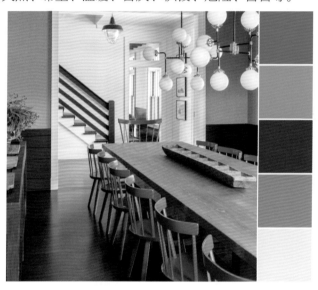

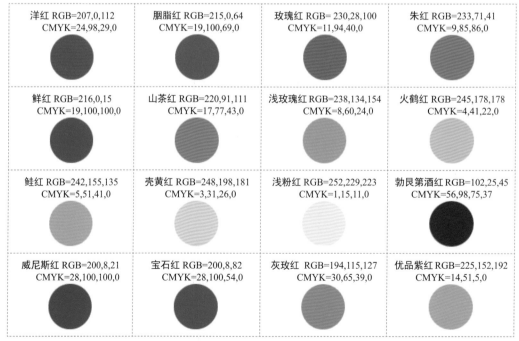

洋红 RGB=207,0,112 CMYK=24,98,29,0	胭脂红 RGB=215,0,64 CMYK=19,100,69,0	玫瑰红 RGB=230,28,100 CMYK=11,94,40,0	朱红 RGB=233,71,41 CMYK=9,85,86,0
鲜红 RGB=216,0,15 CMYK=19,100,100,0	山茶红 RGB=220,91,111 CMYK=17,77,43,0	浅玫瑰红 RGB=238,134,154 CMYK=8,60,24,0	火鹤红 RGB=245,178,178 CMYK=4,41,22,0
鲑红 RGB=242,155,135 CMYK=5,51,41,0	壳黄红 RGB=248,198,181 CMYK=3,31,26,0	浅粉红 RGB=252,229,223 CMYK=1,15,11,0	勃艮第酒红 RGB=102,25,45 CMYK=56,98,75,37
威尼斯红 RGB=200,8,21 CMYK=28,100,100,0	宝石红 RGB=200,8,82 CMYK=28,100,54,0	灰玫红 RGB=194,115,127 CMYK=30,65,39,0	优品紫红 RGB=225,152,192 CMYK=14,51,5,0

◎ 3.1.2 洋红 & 胭脂红

① 本作品为混搭设计风格。

② 简约的洋红色沙发，在空间中非常突出，给人一种张扬、年轻、时尚的感觉。

③ 时尚感极强的沙发，配深棕色的装饰柜，使得沉稳的空间凸显出主人的热情态度。

① 本作品为时尚住宅客厅设计。

② 个性、时尚的不规则形沙发在灰色调的空间中十分醒目，给人以火热、明媚的视觉感受。

③ 沙发与摆件作为空间中有色彩的部分，为整个空间增添了活力。

◎ 3.1.3 玫瑰红 & 朱红

① 本作品为简约美式风格的卧室设计。

② 卧室空间中的玫瑰红色，营造出一种充满浪漫气息的氛围。白色地面增大了空间，整体宽敞的空间布局让人更加舒畅，带来清爽明快之感。

③ 搭配木质床头柜，为各种物品提供了合适的存放空间。

① 本作品为现代简约风格的卧室设计，大量使用暖色来增加房间的温馨感。

② 地毯提升了空间的层次感，既可以美化室内环境，还有防滑减噪的功能。

③ 深色地砖古朴自然，搭配暖色软装，给人一种暖心、安全的感觉。

◎3.1.4　鲜红 & 山茶红

① 本作品为小型复古美式私人电影院设计。

② 鲜红色的沙发，给人一种充满活力的感觉。

③ 鲜红色沙发具有降低视觉干扰的功能。夜晚人眼对红色的辨识度降低，当播放电影时，影厅内的灯光全部关闭，这样看不见身边的红色沙发，可以使人快速地投入到观影之中，不受到干扰。

① 本作品是休息空间设计。

② 空间以红色为主色调，采用山茶红与酒红两种不同明度的色彩粉刷墙面，使隔断两侧空间形成截然不同的两种风格。

③ 山茶红色的墙面与暖色系床品形成和谐、自然的搭配，在室外阳光的照射下，更显温馨，营造出一种惬意、舒适的空间氛围。

◎3.1.5　浅玫瑰红 & 火鹤红

① 本作品为美式风格的女孩卧室设计。

② 卧室中浅玫瑰红表达出了一种可爱、活泼的少女气息。搭配同一色系中邻近色的窗帘、地毯，能够更加突出甜蜜温馨的感觉。

③ 深色地板则带给人一种安全感。在充足的阳光照射下，整个房间呈现出一种温暖、甜蜜的氛围。

① 本作品为甜美风格的卫生间设计。

② 浴室墙面为淡淡的火鹤红配上洁白的瓷砖，加上火鹤红的浴帘，使人仿佛畅游在梦境中。

③ 淡淡的色调，像甜甜的棉花糖。白色的浴缸和盥洗池在其中尤为突出，给人一种干净、整洁的感受。

◉ 3.1.6 鲑红 & 壳黄红

① 本作品为简约浪漫法式风格的卧室设计。

② 鲑红色搭配白色展现出一种清新淡雅的生活气息。室内采用白色欧式家具，在深色地板上铺设白色地毯，提升了空间高度。

③ 浪漫法式风格并不追求华丽、高雅，居室色彩主调为温和色，门窗常用白色，室内家具常用古典弯腿式。

① 本作品为现代简约风格的客厅设计。

② 壳黄红作为一种中纯度色彩，展现出温柔、自然的视觉特点。壳黄红色沙发的布置，给人带来温馨、淡雅的视觉感受。

③ 空间中白色墙壁与浅色木制地板形成简朴的装饰风格，再通过绿植的点缀，营造出自然、清爽的空间氛围。

◉ 3.1.7 浅粉红 & 勃艮第酒红

① 本作品为极简北欧风格卧室设计。

② 粉色给人一种活泼、甜美的感觉，作为儿童房的床品色彩，为整个卧室空间增添了灵动、鲜活的气息。

③ 白色在卧室中所占面积最大，形成简洁、干净的空间效果。

① 本作品为现代简约风格的厨房设计。

② 走进厨房看见勃艮第酒红的橱柜，给人一种品质感。勃艮第酒红的整体柜面与厨房用具完美结合，展现出高质量的生活态度。

③ 厨房采用开放式设计，与餐厅相连接，通过黑色吊顶来区分活动空间。餐厅的窗帘颜色与厨房的橱柜颜色相呼应，餐厅设计与整个厨房格调一致。

◎3.1.8　威尼斯红 & 宝石红

1 本作品为现代简约的小户型卧室设计。

2 卧室大面积采用威尼斯红，墙上的书柜与墙体融为一体。房间整体软装布置给人带来一种热情、积极向上的感觉。

3 床紧靠墙面，书桌与衣柜面对面，留出较大的活动空间。空间小的房间设计要以实用为主，可以在墙面设置书架，增加储物空间。

1 本作品为客厅设计。

2 宝石红色色彩纯度较高，使其在一众色彩间更加醒目、突出，给人以绚丽、时尚的视觉感受。

3 绿色、青色、月光黄等色彩的搭配，使客厅空间的色彩更加丰富，具有较强的视觉吸引力。

◎3.1.9　灰玫红 & 优品紫红

1 本作品为极简风格的会客厅设计。

2 会客厅采用暖色调的色彩组合方式，采用琥珀色的墙面，营造出舒适、安全的空间氛围。

3 灰玫红色的地毯与墙面色彩形成邻近色对比，丰富了空间的色彩层次。

1 本作品为现代风格的卧室设计。

2 卧室中墙面、壁挂式置物架与地面的色彩呈明亮的白色，使整个空间展现出整洁、干净的视觉效果。

3 优品紫红与葡萄紫色渐变床单赋予空间鲜活的色彩，增添了浪漫、时尚的气息。

3.2 橙

◎3.2.1 认识橙色

橙色：是欢快活泼、生机勃勃、充满活力的颜色，也是收获的颜色，运用到室内设计中可以起到让人眼前一亮的感觉。橙色可以带来温暖，去除房间中的冰冷感。橙色也代表着健康、成熟、幸福。

色彩情感：温暖、明亮、华丽、健康、兴奋、成熟、生机、尊贵等。

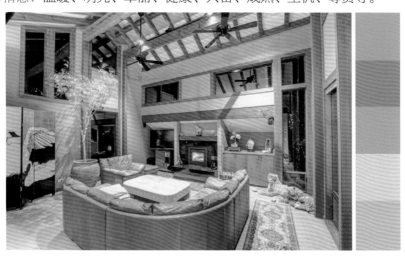

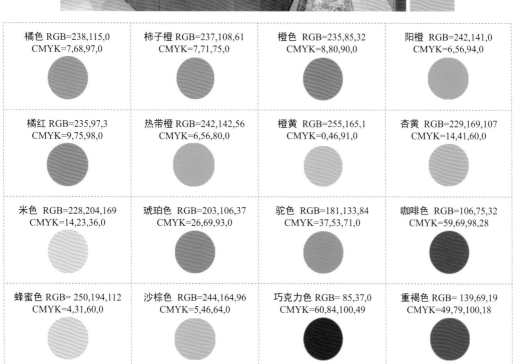

橘色 RGB=238,115,0 CMYK=7,68,97,0	柿子橙 RGB=237,108,61 CMYK=7,71,75,0	橙色 RGB=235,85,32 CMYK=8,80,90,0	阳橙 RGB=242,141,0 CMYK=6,56,94,0
橘红 RGB=235,97,3 CMYK=9,75,98,0	热带橙 RGB=242,142,56 CMYK=6,56,80,0	橙黄 RGB=255,165,1 CMYK=0,46,91,0	杏黄 RGB=229,169,107 CMYK=14,41,60,0
米色 RGB=228,204,169 CMYK=14,23,36,0	琥珀色 RGB=203,106,37 CMYK=26,69,93,0	驼色 RGB=181,133,84 CMYK=37,53,71,0	咖啡色 RGB=106,75,32 CMYK=59,69,98,28
蜂蜜色 RGB= 250,194,112 CMYK=4,31,60,0	沙棕色 RGB=244,164,96 CMYK=5,46,64,0	巧克力色 RGB= 85,37,0 CMYK=60,84,100,49	重褐色 RGB= 139,69,19 CMYK=49,79,100,18

◎3.2.2 橘色 & 橘红

① 本作品为东南亚风格的客厅设计。

② C形橘红色沙发，给人一种回到家的港湾的温暖舒适感。

③ 长方形的深色电视柜，与皮质座椅并排摆放，给人一种稳重感。

① 本作品为田园风格的卧室设计。

② 使用橘红色作为卧室主色进行设计，橘红色的地板与抱枕，以及藤编吊灯形成邻近色搭配，营造出温暖、明快的空间氛围。

③ 绿植的点缀赋予空间自然的生命力，使整个空间更具清爽的气息，令人享受。

◎3.2.3 柿子橙 & 热带橙

① 本作品为自然田园风格的木质墙体卫生间设计。

② 柿子橙色的柜子与实木的空间相融合，加上深色大理石台面，能够带给主人好心情，也体现出主人的开朗个性。

③ 在地面以及浴室的墙面铺上瓷砖，有很好的防水效果。简单新颖的设计结合，时尚又温馨。

① 本作品为现代风格的休息区域设计，此处可以用来休息、阅读、会友。

② 沙发旁为整墙的一体书架，搭配热带橙色的沙发，打造出安静、祥和的氛围。

③ 整个空间利用敞开式书架代替墙体，起到隔断作用，同时美化了走廊空间，打造出一个半封闭式的空间，洋溢着满满的书卷气息。

◎ 3.2.4 橙色 & 阳橙

① 本作品为美式风格的卧室设计。

② 充满活力的橙色给人健康的感觉，单面墙上的阳橙色，呈现家的温馨感。

③ 巧妙的布局里加入深色柜子和墙上的画框，显得稳重又活泼；座椅的设置，既合理又增添了新的功能。

① 本作品为美式风格的客厅设计，美式风格通常使用石材和木饰面来装饰，使得空间更加宽敞而富有历史气息。

② 左右两边为对称的阳橙色置物柜，搭配绿植摆放，给人一种收获的喜悦之感。

③ 客厅中电视与壁炉分别放置在墙柱内。石料具有质朴的纹理，营造出自然、简朴的视觉效果。

◎ 3.2.5 橙黄 & 杏黄

① 本作品是现代风格的厨房设计。

② 餐厅中的灯光照着橙黄色橱柜和操作台，给人暖暖的感觉，营造出温馨、幸福的居家氛围。

③ 搭配的深色地垫和操作台面在空间中不显得突兀，地垫还具有防滑的功能。

① 本作品为现代简约风格的卫生间设计，采用干湿分离的设计理念。

② 素雅的杏黄色瓷砖呈现出温润、自然的质感，使得空间更加丰富得当。

③ 干湿分离是目前设计的一种趋势，能够保持房屋的干燥，不易滋生细菌，同时也方便多人同时使用空间，还可以延长电器使用年限。

◎3.2.6 蜂蜜色 & 米色

❶ 本作品为新古典主义风格的厨房设计。

❷ 蜂蜜色橱柜与橙黄色墙面相协调，不会太过张扬，同时也会增强人的食欲。

❸ 复古的餐桌既有实用性，还带着历史沧桑感，展现出主人的文艺气质。

❶ 本作品为现代简约美式风格的客厅设计。

❷ 整体的浅色基调尽显室内干净、整洁。

❸ L形的米色大沙发，充实了空间。L形沙发适合放在房间格局比较规整或局部层高过低的区域。墙上的画框简洁干净，给人一种清新无瑕、明亮清澈之感。

◎3.2.7 沙棕色 & 琥珀色

❶ 本作品是波希米亚风格的卧室设计。

❷ 沙棕色墙面与床盖、地毯颜色相一致，分化出空间，带来一种活泼天真的感觉。突出了主体，扩大了空间。

❸ 卧室中的暖色系使人心情舒畅，能安抚情绪，有助于睡眠。

❶ 本作品为东南亚风格的厨房设计。

❷ 琥珀色的橱柜家具，色彩鲜明，设计简洁，没有多余的点缀，展现出原始、自然的热带风情和浓厚的民族气息。

◎3.2.8 驼色 & 咖啡色

① 本作品采用现代与古典相结合的设计方式，置身空间中仿佛穿梭于历史和未来。

② 驼色的空间框架结构与实木桌相呼应，简单中透着大气，恬淡中透着冷静。

③ 设计者以现代流行方式混搭墙面和桌椅，塑造出独特的空间氛围。

① 本作品为现代简约风格的厨房设计。

② 白色橱柜与咖啡色台面、地板的搭配，打造出庄重、深沉、利落的家居空间，给人以安心、舒适的感觉。

◎3.2.9 巧克力色 & 重褐色

① 本作品为现代古典风格的餐厅设计。

② 巧克力色橱柜典雅尊贵，独特而又沉稳。在墙角处整体贴上不规则砖块来装饰，弥补了因阁楼过高所带来的空旷感，也起到了分化区域的作用。

③ 简洁的吊灯装饰，既不影响自然光的照射，也可以为夜晚用餐提供良好的照明。

① 本作品为极简风格的厨房设计。

② 重褐色与棕色的搭配，给人以沉稳、内敛的视觉感受。结合桌面的米灰色大理石材质，更显大气。

3.3 黄

◎3.3.1 认识黄色

黄色：是色相环中最明亮的色彩，也是众多色彩中最温暖的颜色，同时是尊崇与地位的象征。用黄色进行室内设计可以给人一种快乐、活泼的感觉，并能营造出温暖的环境氛围。

色彩情感：辉煌、轻快、华贵、希望、活力、光明、温暖、成熟等。

黄 RGB=255,255,0 CMYK=10,0,83,0	铬黄 RGB=253,208,0 CMYK=6,23,89,0	金 RGB=255,215,0 CMYK=5,19,88,0	香蕉黄 RGB=255,235,85 CMYK=6,8,72,0
鲜黄 RGB=255,234,0 CMYK=7,7,87,0	月光黄 RGB=155,244,99 CMYK=7,2,68,0	柠檬黄 RGB=240,255,0 CMYK=17,0,84,0	万寿菊黄 RGB=247,171,0 CMYK=5,42,92,0
香槟黄 RGB=255,248,177 CMYK=4,3,40,0	奶黄 RGB=255,234,180 CMYK=2,11,35,0	土著黄 RGB=186,168,52 CMYK=36,33,89,0	黄褐 RGB=196,143,0 CMYK=31,48,100,0
卡其黄 RGB=176,136,39 CMYK=40,50,96,0	含羞草黄 RGB=237,212,67 CMYK=14,18,79,0	芥末黄 RGB=214,197,96 CMYK=23,22,70,0	灰菊色 RGB=227,220,161 CMYK=16,12,44,0

◎ 3.3.2 黄色 & 铬黄色

① 本作品为简约风格的卧室设计。

② 高饱和度的黄色搭配低饱和度的灰色，可以让空间在稳重中而不失活泼。右侧墙面的颜色与床上用品的颜色统一，使空间更加和谐。

③ 小空间的户型，把背景墙做成内嵌式，可以摆放更多的物品，充分利用了空间。

① 本作品为现代简约风格的休息室设计。

② 利用墙面空间打造悬空的休息区，可以有效利用空间，并通过铬黄色涂料凸显该区域，给人带来鲜活、独特的视觉感受。

③ 白色墙面与木质地板，以及绿植的摆放，增添了清爽、自然的气息。

◎ 3.3.3 金色 & 香蕉黄色

① 本作品为自然田园风格的卧室设计。

② 镂空床架与浅色木地板、墙面、地毯，以及装饰植物形成和谐、统一的搭配，呈现了自然、朴实的风格。

③ 床作为卧室空间的设计重点，使用金色床品不但增强了视觉吸引力，同时还活跃了整体空间气氛，使整个空间更加明亮。

① 本作品为现代简约美式风格的儿童房设计。

② 针对两个孩子的居住空间，采用了对称式的设计，墙上的黄色蝴蝶设计点缀了空间，营造出活泼的氛围。

③ 儿童房的设计要根据孩子的性格选用颜色，室内的光线要充足，这样能给孩子带来好的心情。

◎3.3.4　鲜黄 & 月光黄

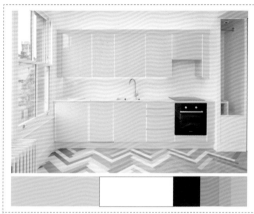

❶ 本作品为现代风格的厨房设计。

❷ 整个空间被色彩填充，高饱和度的黄色、蓝色、粉色、绿色，拥有着独特的色彩情感；空间的色彩虽多，但并不显杂乱。

❸ 房间把装修重点放在地面，采用现代的经典拼花地板。这些"人"字纹地板是以彩虹般的色调拼接而成的。

❶ 本作品为简约美式风格的封闭式厨房设计。

❷ 明亮的月光黄给人一种整洁的感受，"一"字形橱柜结构简单，充分利用了空间，主人可以按照自己的习惯安排厨具的摆放位置。

❸ 厨房的设计要符合人体工程学，同时也要照顾到全家人的生活需求。

◎3.3.5　柠檬黄色 & 万寿菊黄色

❶ 本作品为极简风格的办公空间设计。

❷ 柠檬黄色的墙面与山茶红色的桌面形成鲜明的色彩对比，整体空间充满活泼、欢快的气息，用色大胆、鲜活，形成强烈的视觉冲击力。

❶ 本作品为现代简约风格的卧室设计。

❷ 万寿菊黄色单人沙发，给单调的卧室添加了一丝华贵的气息。黄色抱枕添加了暖意，墙面上的镜子扩展了室内的空间，衬托出室内整体环境。

❸ 棚顶上的灯带吊顶，提升了空间的层次感。卧室主要用来休息的，所以灯光不需要太过明亮，灯带加上床头灯，即可满足卧室对灯光的需求。

◎ 3.3.6　香槟黄 & 奶黄色

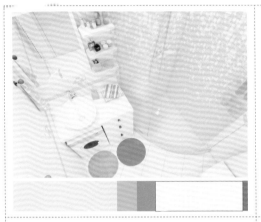

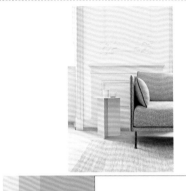

① 本作品为现代简约风格的卫生间设计。
② 淋浴间的玻璃隔断采用香槟黄色花纹作为装饰，大胆、明亮的黄色与空间背景扩展了空间面积。绿色、橙色的圆形地垫使空间更显鲜活。
③ 为了节省空间，在水槽下面装有洗衣机，还设计了 3 个抽屉的储藏空间，整体更显温馨。

① 本作品为北欧极简风格的客厅设计。
② 白色的墙面与灰色的沙发形成无彩色搭配，使空间呈现出通透、明亮、极简的视觉效果。
③ 奶黄色的小几为单调的空间增添了色彩，与米色的地毯形成同类色搭配，使空间更显温馨。

◎ 3.3.7　土著黄 & 黄褐

① 本作品采用土著黄窗帘，给纯白的空间增添了色彩，冲淡了空间的空旷感。
② 书房不一定有装满书的书架，白色桌子搭配黑色椅子，就可以变成一个工作区域。
③ 在墙角处摆放绿植，带来活力，使人心情愉快。墙上的创意时钟，也可以提醒主人时间。

① 本作品是美式风格的儿童房设计。
② 简单明了的空间运用了黄褐色，呈现出一种复古、沉稳的格调。细节空间的局部改造，将梦想注入生活。
③ 低沉的黄色调作为空间主色，呈现出温暖、质朴的色彩情感，带来较强的安全感。

◎3.3.8 卡其黄 & 含羞草黄色

❶ 本作品为美式风格的卧室设计。

❷ 卡其黄色营造出温暖、舒适的秋冬氛围空间，简单的点缀化解了单调的视觉感受。

❸ 卧室采用大面积窗户设计，使室内拥有良好的采光。

❶ 本作品为现代简约的可进入式厨房储藏室设计。

❷ 蓝色背景墙衬托着含羞草黄的吊柜、立柜，一冷一暖的色彩对比不仅不会感到突兀，反而表现出生机与活力，充满活泼的气息。

❸ 需要考虑储藏室的空气流通，避免在潮湿季节出现虫蛀、发霉等现象。

◎3.3.9 芥末黄 & 灰菊色

❶ 本作品为床品局部设计，充满了暖暖的舒适感。

❷ 采用单色无花纹的布艺，芥末黄的抱枕添加一丝质朴的气息。

❸ 抱枕的装饰给空间增添了生机，休息时会感到温暖。累的时候，把抱枕放在腰后，也能够缓解脊背的不适。

❶ 本作品为简约法式风格的卧室局部设计。

❷ 床品、枕头采用柔和的灰菊色，与墙面的色彩形成和谐、自然的呼应，带来温柔、优雅的视觉感受。

❸ 金色与绿色的摆件色彩纯度较高，为空间增添了活力。

3.4 绿

◎3.4.1 认识绿色

绿色：是一种和平友善的色彩，具有稳定的特性。绿色可以起到缓解疲劳、舒展心情的作用。运用到室内，能体现希望、健康，象征着生命力旺盛。绿色在大自然中很常见，多看绿色能使人心情愉悦。

色彩情感：生命、和平、清新、希望、成长、安全、自然、生机、青春、健康、新鲜等。

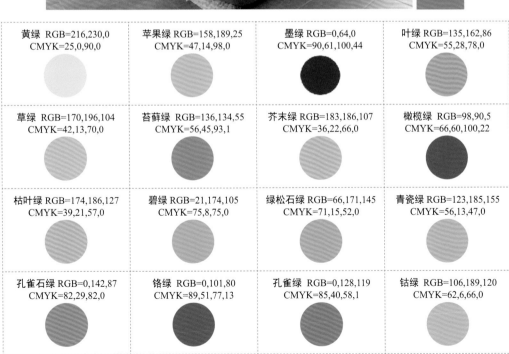

黄绿 RGB=216,230,0
CMYK=25,0,90,0

苹果绿 RGB=158,189,25
CMYK=47,14,98,0

墨绿 RGB=0,64,0
CMYK=90,61,100,44

叶绿 RGB=135,162,86
CMYK=55,28,78,0

草绿 RGB=170,196,104
CMYK=42,13,70,0

苔藓绿 RGB=136,134,55
CMYK=56,45,93,1

芥末绿 RGB=183,186,107
CMYK=36,22,66,0

橄榄绿 RGB=98,90,5
CMYK=66,60,100,22

枯叶绿 RGB=174,186,127
CMYK=39,21,57,0

碧绿 RGB=21,174,105
CMYK=75,8,75,0

绿松石绿 RGB=66,171,145
CMYK=71,15,52,0

青瓷绿 RGB=123,185,155
CMYK=56,13,47,0

孔雀石绿 RGB=0,142,87
CMYK=82,29,82,0

铬绿 RGB=0,101,80
CMYK=89,51,77,13

孔雀绿 RGB=0,128,119
CMYK=85,40,58,1

钴绿 RGB=106,189,120
CMYK=62,6,66,0

◎3.4.2　黄绿 & 苹果绿

❶ 本作品为现代风格的餐厅设计。

❷ 餐桌与黑板框架的黄绿色给空间增添了生机。用罗马百叶窗、蜡染风格的浅色树叶图案突出了森林主题。

❸ 餐桌将厨房与其他空间区分开来，它位于厨房窗户和阳台门之间，有效地划分了区域。

❶ 本作品为简约北欧风格的卫生间设计。

❷ 作品以接近自然的苹果绿色为主色，可以给观者带来视觉与心理上的双重放松，令人心情愉悦。

❸ 白色瓷砖在绿色墙面的映衬下呈现出淡绿色，使整个空间形成绿色调的层次变化，丰富了空间色彩。

◎3.4.3　墨绿 & 叶绿

❶ 本作品为偏北欧风格的书房设计。

❷ 进入书房，一种沉稳、安静的气息扑面而来，灰色调的地毯、白色的吊顶在视觉上形成空间的延伸，没有沉闷压抑之感。

❸ 深绿色的沙发复古高端，成套的棕色书桌与书柜的木材质地显得气质高贵。

❶ 本作品为复古风格的客厅设计。

❷ 在现代的色调中，经典的座椅形状看起来被彻底改造，散发出怀旧、文艺气息。

❸ 沙发围合的摆放方式，很有向古典之风致敬的意味。围绕茶几并排放置两张舒适的单人沙发，主次分明，很适合在家里招待客人共商要事。

◎ 3.4.4 草绿 & 苔藓绿

① 本作品为乡村风格的厨房设计。

② 草绿色对整体氛围的营造，展现出厨房空间的通透感与自然感。橱柜为自然清新的草绿色，是一幅极好的乡村主题场景。透过窗户就可以看到外面的环境，令人心旷神怡。

① 本作品为北欧风格的客厅设计。

② 苔藓绿色的单人沙发与抱枕形成色彩间的呼应，使空间充满生机。

③ 白色墙面与绿色软装的搭配彰显出北欧风格自然、简约的设计理念。

◎ 3.4.5 芥末绿 & 橄榄绿

① 本作品为简约法式风格的卧室设计。

② 芥末绿的窗帘、抱枕和床头相融合，给空间增添了阳光的气息，让人从早起开始浑身都充满活力。

③ 法式简约风格的色彩以简单、素雅为主，空间整体让人感觉明亮而又恬静。

① 本作品为复古风格的浴室设计。

② 橄榄绿色与墨绿色的演绎，打造出复古、典雅的空间，置身其中仿佛穿梭回中世纪。

③ 卫浴间的墙面与地面色彩相互呼应，给人的感觉更加协调舒适。

◎3.4.6 枯叶绿 & 碧绿

❶ 本作品为田园风格的客厅设计。

❷ 枯叶绿色的沙发、粉色的玫瑰花、粉嫩的
抱枕，营造出温馨幸福的环境氛围。天然
木材的躺椅使整个空间看起来更加休闲、
舒适。

❸ 天然的木质地板也为室内增添了一丝趣
味，给人一种回归自然的感觉。

❶ 本作品为极简北欧风格的客厅设计。

❷ 空间整体色彩明度较高，白色的大面积使
用使整个空间呈现出明亮、洁净的视觉效
果，可以给人带来好的心情。

❸ 碧绿色的花盆与嫩绿色植物赋予空间鲜活
的生命力，营造出自然、清新的室内气氛。

◎3.4.7 绿松石绿 & 青瓷绿

❶ 本作品是地中海风格的浴室设计。

❷ 绿松石绿马赛克墙面展现出优美感，清新
秀丽。墨绿色的包边线条流畅，流线型的
设计让人感觉像是畅游在海洋中。在浴室
中可以阅读、休息，它的功能不再是那么
单调。

❶ 本作品是简约风格的厨房设计。

❷ 青瓷绿色的橱柜，清新而淡雅。空间中没
有过多的颜色，除了青瓷绿，只有白色的
顶棚、灰色的地面和金属厨具。

◎ 3.4.8　孔雀石绿 & 铬绿

❶ 本作品为工业风格的小型书房设计。

❷ 孔雀石绿的地毯给空间增添了一抹生机，绿色可以调节心情，看书也较容易进入氛围。整个空间大面积上采用浅灰色，营造出安静的氛围。多个窗户给空间提供足够的光照。

❶ 本作品为现代简约风格的客厅。

❷ 客厅中可以看到一块灰色的混凝土天花板，以及大胆的绿色家具和清爽的照明设备。

❸ 多彩的墙壁用于区分空间，给人一种更加明亮宽敞的感觉。

◎ 3.4.9　孔雀绿 & 钴绿

❶ 本作品为简约风格的厨房设计。

❷ 鲜明艳丽的孔雀绿橱柜悬挂在墙壁上，由纯洁的白色墙壁衬托，添加了神秘的韵味。设计师大胆地运用孔雀绿色，使整个空间特立独行，极具美感。

❶ 本作品为田园风格的餐厅设计。

❷ 室内使用钴绿色碎花图案墙纸，迎面仿佛闻到一股自然清新的味道。桌面上摆放一束花朵，让人心旷神怡，还具有净化空气的作用。

3.5 青

◎3.5.1 认识青色

青色：是一种凸显品位的色彩，同时也是一种能表现出丰富情感的色彩。青色的色调变化可以表现出不同效果，既可以表现出高贵华美，也可以体现出轻快柔和。青色可以起到缓解紧张、放松心情的作用。

色彩情感：轻快、华丽、高雅、庄重、坚强、希望、古朴等。

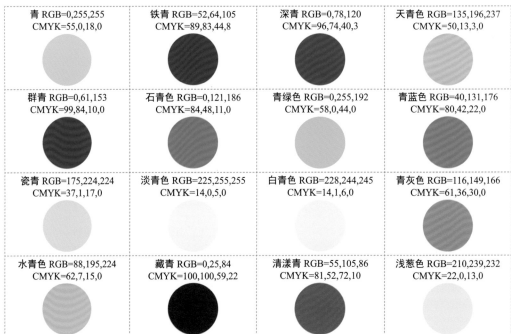

青 RGB=0,255,255 CMYK=55,0,18,0	铁青 RGB=52,64,105 CMYK=89,83,44,8	深青 RGB=0,78,120 CMYK=96,74,40,3	天青色 RGB=135,196,237 CMYK=50,13,3,0
群青 RGB=0,61,153 CMYK=99,84,10,0	石青色 RGB=0,121,186 CMYK=84,48,11,0	青绿色 RGB=0,255,192 CMYK=58,0,44,0	青蓝色 RGB=40,131,176 CMYK=80,42,22,0
瓷青 RGB=175,224,224 CMYK=37,1,17,0	淡青色 RGB=225,255,255 CMYK=14,0,5,0	白青色 RGB=228,244,245 CMYK=14,1,6,0	青灰色 RGB=116,149,166 CMYK=61,36,30,0
水青色 RGB=88,195,224 CMYK=62,7,15,0	藏青 RGB=0,25,84 CMYK=100,100,59,22	清漾青 RGB=55,105,86 CMYK=81,52,72,10	浅葱色 RGB=210,239,232 CMYK=22,0,13,0

◎ 3.5.2 青 & 铁青

① 本作品为现代风格的儿童卧室设计。

② 明亮的卧室采用醒目的青色，给人活力轻盈的感觉。白色的绒毛地毯凸显其干净整洁，可以保护孩子不受伤害。

③ 儿童卧室的设计考虑重点是安全和卫生。所以儿童卧室的地毯要经常清洗，以免螨虫或者细菌污染。

① 本作品是欧式风格的客厅设计。

② 客厅空间采用淡青色、白色作为背景色，形成明亮、淡雅的视觉效果。

③ 铁青色布艺单人座椅与花色地毯为空间增添了色彩，使空间更具艺术氛围。

◎ 3.5.3 深青 & 天青色

① 本作品为极简风格的客厅设计。

② 黑色铁艺支架形成空间的分割线，使空间呈现出几何的和谐美感。布艺沙发与地毯的摆放同铁艺陈设形成混搭效果，增强了空间的时尚感与设计感。

① 本作品为简约风格的厨房设计。

② 棕色餐桌与天青色柜子形成较为均衡的冷暖色对比，明亮整洁的空间可以为主人带来惬意、舒适的体验。

◎3.5.4 群青 & 石青色

① 本作品为现代简约风格的卧室设计。

② 在空间中摆放的群青色柜子，现代感极强，其最主要的特点就是内置一个隐形床。

③ 隐形床由棕色床体、咖啡色床单和铁艺支脚组成，其特点是能够节省不少的空间。当隐形床不用的时候将其翻起就可与衣柜融为一体，原本床的位置可以更好地利用起来。

① 本作品为简约风格的客厅设计。

② 石青色的长桌采用镂空结构，展现出几何形的线条美感。

③ 石青色与浅驼色形成冷暖色对比，由于地板色彩纯度较为自然、适中，能使空间的冷暖效果达到平衡，带来舒适的视觉体验。

◎3.5.5 青绿色 & 青蓝色

① 本作品为自然风格的客厅设计。

② 青绿色的背景墙与绿植相互呼应，使空间充满自然的生命气息，营造出清新、舒适的空间氛围。

① 本作品为现代美式风格的客厅设计。

② 青蓝色沙发与橙黄色窗帘形成对比，打造出色彩缤纷的客厅空间。

③ 几何图案地毯的规律性线条排列给人带来杂而不乱的感觉，可以留下深刻的印象。

◎ 3.5.6　瓷青 & 淡青色

① 本作品的硬装部分（顶棚、地面）比较常规，而整体厨房却比较吸人眼球。

② 瓷青色具有淡雅简单却不失时尚的特点，很适合厨房。通过一个简单的横梁设计，在空间中区分了厨房与餐厅，使人明确地知道各个空间的功能，不会混淆。

③ 开放式的厨房虽然好看，但是要注意油烟的问题。

① 本作品为简约风格的厨房空间设计。

② 色彩运用方面主要以淡青色的小清新为主。自然、浪漫的田园风格，通过实木地板、桌椅与浅色窗框的组合，营造出自然、简朴的空间质感。

③ 整个厨房空间在中间进行分割了，使各个空间相对独立又相互连接，整个空间也显得宽敞明亮。

◎ 3.5.7　白青色 & 青灰色

① 本作品为现代简约风格的休息空间设计。

② 玻璃质地的墙面装饰采用白青色、浅青色与青色三种不同纯度的青色进行处理，通过质地本身的光泽感，呈现出晶莹剔透、典雅别致的效果。

③ 木质地板呈琥珀色，色彩纯度较高，增强了整个空间色彩的视觉重量感，给人一种安全感。

① 本作品为北欧风格的厨房设计。

② 青灰色的橱柜与白色台面形成简约、素雅、干净的搭配效果，同时室外充足的阳光可以给人带来愉悦的心情。

◎3.5.8 水青色 & 藏青

❶ 本作品为复古工业风格的主题餐厅设计。

❷ 水青色让人想到海边的第一波海浪，墙面的土黄色让人想到沙滩，它们共同勾勒出一幅浪漫的景象。在这里用餐，会别有一番风味。

❶ 本作品为古典的卫生间设计。

❷ 藏青色作为墙壁的色彩，与植物图案的墙纸形成纯度与明度的对比，丰富了空间色彩层次，打造出典雅、华丽的空间。

◎3.5.9 清漾青 & 浅葱色

❶ 本作品为极简风格的卧室设计。

❷ 清漾青作为背景墙色彩，奠定了整个空间的主色调，形成典雅、复古的视觉效果。

❸ 琥珀色的灯具设计感较强，搭配不规则色块的床头背景墙，打造出时尚、个性的卧室空间。

❶ 本作品为极简风格的浴室设计。

❷ 浅葱色的瓷砖墙面与白色的浴缸、化妆桌形成浅色调搭配，打造出清新、洁净的浴室空间。

❸ 金属隔断杆装卸便利，用其将空间打造成干湿分离的两个区域，便于清洁。

3.6 蓝

◎ 3.6.1 认识蓝色

蓝色：是一种冷静的色彩，可以让人联想到广阔的天空、大海。设计空间采用蓝色，会使室内纯净沉稳，给人一种冷静理智的意象。蓝色既有沉稳冷静的特点，又流露出清新爽快的气息。

色彩情感：理智、勇气、冷静、文静、清凉、安逸、现代化、沉稳等。

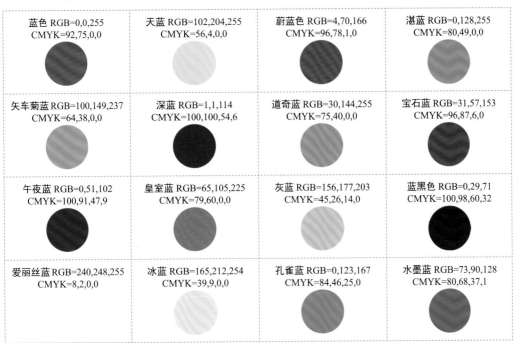

蓝色 RGB=0,0,255
CMYK=92,75,0,0

天蓝 RGB=102,204,255
CMYK=56,4,0,0

蔚蓝色 RGB=4,70,166
CMYK=96,78,1,0

湛蓝 RGB=0,128,255
CMYK=80,49,0,0

矢车菊蓝 RGB=100,149,237
CMYK=64,38,0,0

深蓝 RGB=1,1,114
CMYK=100,100,54,6

道奇蓝 RGB=30,144,255
CMYK=75,40,0,0

宝石蓝 RGB=31,57,153
CMYK=96,87,6,0

午夜蓝 RGB=0,51,102
CMYK=100,91,47,9

皇室蓝 RGB=65,105,225
CMYK=79,60,0,0

灰蓝 RGB=156,177,203
CMYK=45,26,14,0

蓝黑色 RGB=0,29,71
CMYK=100,98,60,32

爱丽丝蓝 RGB=240,248,255
CMYK=8,2,0,0

冰蓝 RGB=165,212,254
CMYK=39,9,0,0

孔雀蓝 RGB=0,123,167
CMYK=84,46,25,0

水墨蓝 RGB=73,90,128
CMYK=80,68,37,1

◎3.6.2 蓝色 & 天蓝色

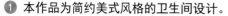

❶ 本作品为简约美式风格的卫生间设计。

❷ 蓝色墙体既简约清爽，又充满活力。

❸ 墙面采用 PVC 板拼接而成，PVC 板的优点是防水、阻燃、耐酸碱、防蛀、质轻、保温、隔音，很适合用在浴室的墙面上，同时也可以节约成本。

❶ 本作品为现代美式风格的会客厅设计。

❷ 天蓝色墙面与白色镂空装饰的结合打造出古典、优雅的交谈空间，给人带来愉悦、舒适的视觉感受。

❸ 草绿色地毯的装饰增添了自然气息，与蓝色墙面一起，带来清新、通透的感觉。

◎3.6.3 蔚蓝色 & 湛蓝

❶ 本作品为极简风格的厨房与餐厅设计。

❷ 蔚蓝色的橱柜明度较低，与餐厅空间中浅色地板及白色墙面形成鲜明的对比，无形中分隔成了两个空间。

❸ 线条感较强的矩形柜门体现出极简风格的设计理念，给人以简单、理性的感觉。

❶ 本作品为北欧风格的浴室设计。

❷ 湛蓝色色彩饱满、浓郁，令人联想到深邃的海洋。作为浴室柜的色彩使用，凸显典雅格调。

❸ 象牙白色的墙面与地面营造出温馨、自然的空间氛围，给人带来轻快、安逸的感受。

◎3.6.4 矢车菊蓝 & 深蓝

① 本作品为现代风格的卫生间设计。

② 想象蓝色的海洋、黄色的沙滩，连空气中都飘浮着悠闲的味道。马赛克既亮丽又柔和，和水交映还能带来一丝灵动的感觉，让人产生碧海蓝天的视觉印象。

③ 干湿分离的隔断选用了透明玻璃，玻璃的旁侧安装有铝制的毛巾架，整幅设计图彰显了简约式风格的雅致。

① 本作品为地中海风格的客厅设计。

② 白色作为空间主色，奠定了清爽、简约的基调，深蓝色单人沙发增添了海洋般纯净、自然的气息，打造出古典、浪漫的空间。

③ 浅棕色时钟、摆件与收纳盒的装饰，赋予空间大地般的自然色彩，增添了温馨感。

◎3.6.5 道奇蓝 & 宝石蓝

① 本作品为现代风格的餐厅设计。

② 道奇蓝色的屋门增强了空间的视觉重量感，同时分隔了厨房与餐厅空间。

③ 暖白色墙面与米色桌面形成同类色搭配，营造出温暖、温馨的空间氛围。

① 本作品为混搭风格的卧室设计。

② 单人座椅的色彩为宝石蓝色，给人以华贵、雅致的感觉。

③ 不规则形的床、小几与吊灯产生独特的抽象感，呈现出时尚、个性的视觉效果。

◎3.6.6 午夜蓝 & 皇室蓝

① 本作品为简约美式风格的厨房设计。

② 橱柜的颜色为午夜蓝色，给人一种深邃静谧的感觉。

③ 厨房灶台在左边，洗菜盆在右边，两者距离正合适，方便烹饪。

① 本作品为现代风格的卧室设计。

② 皇室蓝色运用在床头与墙面涂料上，显现出冷静、沉稳的特点，强化了整个空间的秩序感。

◎3.6.7 灰蓝 & 蓝黑色

① 本作品为法式风格的卧室设计。

② 整个空间大面积采用浅色系颜色搭配，浅色床品与植物图案墙纸打造出浪漫、典雅的卧室空间。

③ 白色作为卧室的主色，在视觉上扩展了空间。

① 深色的抱枕与两侧墙体上的花纹墙纸形成色彩的呼应，流露出大气、雅致、古典的韵味。

② 大面积白色的使用，使空间在窗外阳光的照射下更显明亮、洁净。

◎ 3.6.8　爱丽丝蓝 & 冰蓝

① 本作品为现代风格的客厅空间局部设计。

② 天蓝色墙面与爱丽丝蓝色沙发巧妙地融于一体，使空间洋溢着清新、凉爽的气息。

③ 蓝色调色彩的运用，凸显了空间的洁净、清爽。

① 本作品为现代简约的浴室设计。

② 冰蓝色的墙面与蓝色浴帘的搭配，带来舒爽干净的视觉感受。特意设计的淡绿色洗脸池，也打破了空间大面积单色带来的沉闷感。

◎ 3.6.9　孔雀蓝 & 水墨蓝

① 本作品为户外天台空间装饰设计。

② 孔雀蓝色沙发垫与黑色座椅在米色地面的衬托下显得贵重沉稳。

③ 在室外空间放置一个弧形沙发，可以和朋友、家人其乐融融地坐在一起。弯曲的形状让空间更加灵动，布置在宽敞空间中带有聚合感。

① 本作品中的卫生间采用水墨蓝与白色两种明暗对比较为鲜明的色彩进行搭配，通过网格瓷砖的装饰，增强层次感，给人时尚、简单的感觉。

② 白色洗漱台将顶部灯光很好地发散，使整个空间更加明亮。

3.7 紫

◎3.7.1 认识紫色

紫色：是一种高贵神秘的色彩。将其运用在室内设计中，能凸显富贵、豪华的效果，具有一种高品位的时尚感。

色彩情感：高贵、优雅、奢华、幸福、神秘、魅力、权威、孤独、含蓄等。

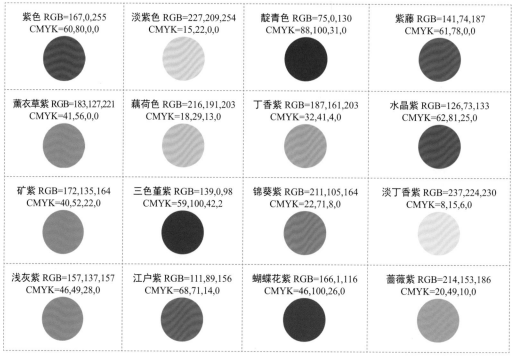

紫色 RGB=167,0,255 CMYK=60,80,0,0	淡紫色 RGB=227,209,254 CMYK=15,22,0,0	靛青色 RGB=75,0,130 CMYK=88,100,31,0	紫藤 RGB=141,74,187 CMYK=61,78,0,0
薰衣草紫 RGB=183,127,221 CMYK=41,56,0,0	藕荷色 RGB=216,191,203 CMYK=18,29,13,0	丁香紫 RGB=187,161,203 CMYK=32,41,4,0	水晶紫 RGB=126,73,133 CMYK=62,81,25,0
矿紫 RGB=172,135,164 CMYK=40,52,22,0	三色堇紫 RGB=139,0,98 CMYK=59,100,42,2	锦葵紫 RGB=211,105,164 CMYK=22,71,8,0	淡丁香紫 RGB=237,224,230 CMYK=8,15,6,0
浅灰紫 RGB=157,137,157 CMYK=46,49,28,0	江户紫 RGB=111,89,156 CMYK=68,71,14,0	蝴蝶花紫 RGB=166,1,116 CMYK=46,100,26,0	蔷薇紫 RGB=214,153,186 CMYK=20,49,10,0

◎3.7.2　紫色＆淡紫色

1 本作品为森系田园风格的客厅设计。

2 青色沙发上紫色的抱枕与浅青色花瓶中玫红色的花瓣相呼应，带来浪漫、迷人、绚丽的视觉感受。

3 色彩丰富的地毯与花朵图案的抱枕给人一种眼花缭乱的感觉，营造出舒适、悠闲、随性的空间氛围。

1 本作品为现代风格的厨房设计。

2 淡紫色、粉色、玫粉色、淡青色、蓝色与黄色等色彩的搭配，打造出鲜活、明快的空间，充满青春与活力。

◎3.7.3　靛青色＆紫藤

1 本作品为现代风格的卧室设计，大面积地使用了紫色，是一种大胆的创新。

2 靛青色和蓝色是时尚的颜色组合。它既可以是新鲜的和美丽的，也可以是明亮的和神秘的。

3 紫色作为主色调，搭配有色玻璃器皿、艺术品、小装饰，让空间更具气质。

1 本作品为后现代风格的客厅设计。

2 客厅整体空间在暖黄色灯光的照射下呈现出浅驼色的色调，给人以朴素、淡雅、自然的感受。

3 紫藤色抱枕色彩较为饱满，作为空间的点缀色，赋予空间鲜活的色彩，呈现出时尚、绚丽的视觉效果。

◎ 3.7.4　薰衣草紫 & 藕荷色

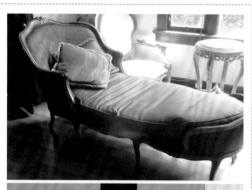

① 本作品为新古典风格的阳台设计。

② 法式贵妃椅的薰衣草紫搭配金色的边框，更凸显了优雅、高贵、迷人的气质。放置在窗边，当阳光直射进来，喝着下午茶，享受一个美好的下午。

① 本作品为简约美式风格的卧室设计。

② 空间整体较高，藕荷色墙体与白色楼顶在视觉上可以降低空间感，使整个空间呈现为长方体。

◎ 3.7.5　丁香紫 & 水晶紫

① 本作品为清新的儿童卧室设计。

② 丁香紫色、青色、粉色、江湖紫色与白色等色彩交错使用，条纹床品与马赛克图案的天花板打造出俏皮、轻快的儿童空间。

③ 米色吊灯色彩柔和，赋予空间温馨的气息，同时柔和的光线可以更好地保护孩子的眼睛。

① 本作品为现代风格的客厅设计。

② 白色沙发上放置的水晶紫色抱枕与灰紫色的地毯形成同类色搭配，增强了空间的浪漫感与时尚感。

③ 桌面以及地面摆放的植物为空间增添了自然气息，给人带来更加惬意、舒适的居家氛围。

◎3.7.6 矿紫 & 三色堇紫

1. 本作品为现代风格的厨房设计。
2. 矿紫和不锈钢掺杂在一起，这种不寻常的色彩搭配可以做成厨房中的橱柜，辅以别致的装饰，使整个空间极富现代感。

1. 本作品为现代简约风格的卧室设计。
2. 三色堇紫色的窗帘与花纹床罩的交织，凸显出异域风情，让人仿佛置身于紫色梦境中，用感官来体验其迷人魅力。
3. 在空间宽敞的情况下，在落地窗角落放置一个贴合家居的不规则沙发。干净的落地窗带给卧室绝佳的视野，放眼望去，让人心旷神怡。

◎3.7.7 锦葵紫 & 淡丁香紫

1. 本作品为时尚风格的客厅设计。
2. 客厅的锦葵紫色沙发与淡粉色的墙面形成纯度层次的对比，作为空间的视觉焦点，具有较强的视觉冲击力。
3. 整个空间呈现出迷人、时尚的粉色调，极具浪漫气息。

1. 本作品是法式风格的女孩卧室设计。
2. 淡丁香紫与藕粉色形成同类色搭配，使整个空间充满浪漫、梦幻的气息，给人以典雅、大气的视觉感受。

◎ 3.7.8 浅灰紫 & 江户紫

❶ 本作品为美式风格的卧室设计。

❷ 浅灰紫在卧室中尽显奢华，配合家具的质感，令卧室如豪华酒店般品位出众。

❸ 留白的空间，适当运用紫色，让平淡立刻转换。面积较大的窗户处休息区，不但坐着舒服，还可以很好地欣赏外面的风景，美观实用。

❶ 本作品为自然田园风格的卧室设计。

❷ 墙面壁纸中江户紫色的夜空与青绿色调的树木打造出神秘、深邃的夜空效果，与橄榄绿色的抱枕形成较好的色彩衔接，为居住者带来身临其境般的视觉体验。

◎ 3.7.9 蝴蝶花紫 & 蔷薇紫

❶ 本作品为混搭风格的客厅设计。

❷ 利用五颜六色的沙发、地毯打造出时尚绚丽、极具视觉冲击力的休闲空间，充满个性色彩。

❸ 蝴蝶花紫色、深红色与金属圆桌形成暖色调搭配，可以很好地调动情绪，带来轻松、愉悦的好心情。

❶ 本作品为后现代风格的客厅设计。

❷ 蔷薇紫色的矮凳、抽象画与猫窝为空间增添了浪漫、雅致的气息，使空间气氛更加轻松、柔和。

❸ 琥珀色布艺沙发与青灰色窗帘的纯度和明度适中，空间整体的色彩冲击力不强，带来自然、舒适的视觉体验。

3.8 黑、白、灰

◎3.8.1 认识黑、白、灰

　　黑、白、灰："黑"是没有任何可见光进入视觉范围的颜色，一般带有恐怖压抑感，也代表沉稳；"白"是所有可见光都能同时进入视觉内的颜色，带有愉悦轻快感，也代表纯洁干净；"灰"是在白色中加入黑色进行调和而成的颜色，带有寂寞感，也代表老实正派。在室内设计中运用黑、白、灰，可营造出简洁明快、柔和优美的视觉效果。

　　色彩情感：冷酷、神秘、黑暗；干净、朴素、雅致、明亮；诚恳、沉稳、干练等。

白 RGB=255,255,255 CMYK=0,0,0,0	亮灰 RGB=230,230,230 CMYK=12,9,9,0	浅灰 RGB=175,175,175 CMYK=36,29,27,0
50% 灰 RGB=129,129,129 CMYK=57,48,45,0	黑灰 RGB=68,68,68 CMYK=76,70,67,30	黑 RGB=0,0,0 CMYK=93,88,89,80

◎3.8.2 白色 & 亮灰色

① 本作品为极简风格的客厅设计。

② 空间大多采用白色，为满足极简主义的审美需求，加入了织物元素，使整个空间呈现出自然、朴素、简单的特点。

③ 空间举架较高，同时以白色作为主色，打造出一个宽敞、开放、明亮的生活空间，给人带来舒适、自由、愉悦的居住体验。

① 本作品为简约北欧风格的客厅设计。

② 亮灰色、白色、淡灰色等色彩的使用，使空间的视觉重量感较强，呈现出明亮、通透、洁净的效果。

③ 黑色壁炉与空间整体色彩形成鲜明对比，避免了空间色彩的单调、乏味。

◎3.8.3 浅灰色 &50% 灰

① 本作品为现代风格的客厅设计。

② 采用无彩色的浅灰色与白色作为主色，使整个空间呈现出简约、雅致的视觉效果。

③ 墙面粉色挂画与棕色背景墙赋予空间色彩，增添了温暖气息，减轻了大面积灰色调带来的冰冷感。

① 本作品为现代风格的客厅设计。

② 不规则形的背景墙、沙发与茶几打造出个性、时尚的生活空间，展现出主人与众不同的设计理念。

③ 球形灯具的设置与整体空间的流畅舒展的线条相统一，整个空间具有柔和、自然的质感。

◎3.8.4 黑灰色 & 黑色

① 本作品为极简风格的家庭餐厅设计。
② 黑灰色的餐桌与料理台同黑色天花板、墙面、护栏形成明度的适量变化，丰富了空间色彩的层次感。
③ 白色墙面与灰色地板以及黑色餐桌等形成无彩色的色彩搭配，打造出简约、商务、庄重的空间风格。

① 本作品为现代风格的厨房设计。
② 黑色橱柜、料理台与桌子，搭配白色的墙面与天花板，形成黑白的极致对比，给人一种整洁、鲜明的感觉。
③ 浅棕色的木质地板与金属灯具赋予空间温暖色彩，质增添了自然、温馨的气息。

第4章 软装饰设计的元素

灯饰＼窗帘＼织物＼壁纸＼绿植＼挂
画＼花艺＼饰品

　　软装配饰设计是商业空间或居住空间所有可移动的元素的统称。软装饰有很多，按
照其功能的不同，可分为灯饰、窗帘、织物、壁纸、绿植、挂画、花艺、饰品等。软装
饰具有灵活多变的特性，设计师可以根据客户的喜好，按照一定的风格对空间进行软装
设计，从而突出客户的气质和品位。

　　根据定位好的装饰风格，可以塑造出独特的家居生活环境。

　　软装饰的搭配要重视独立性与整体性的结合，营造出安逸、舒适的生活环境。

　　家具的装饰能塑造出更好的生活氛围，给空间增添一道亮丽的风景线。

4.1　灯饰

自灯泡问世以来，灯泡不仅仅用于照明，还具有装饰性。合适的灯饰可以提升空间的美感。

特点：

◆　客厅中的灯具多使用一盏单头或多头的吊灯作为主灯，再辅以壁灯、落地灯、筒灯、轨道灯等，可以共同打造出一个具有层次感和良好气氛的环境。

◆　卧室作为休息、放松的场所，灯具设置一般应避免刺眼的光线和繁杂的造型。

◆　厨房作为烹饪的地方，一般面积较小，所以多采用集成吊顶式的明亮光源。

◆　卫生间的照明，常使用防水吸顶灯、镜前灯等。

◎4.1.1 奢华高贵的灯饰设计

　　水晶灯起源于欧洲，它以华丽璀璨的材料及富丽堂皇的装饰受到人们的追捧。水晶灯具外观晶莹剔透，给人一种奢华大气的感觉，增强了空间的奢华感。水晶灯悬挂的高度也十分讲究，会直接影响到空间的层次感。

设计理念：在层高较高的空间中央悬挂水晶灯，大型水晶灯可以照亮整个空间。

色彩点评：墙面大量使用玫红色，给人一种热情洋溢的感觉。

　　🔵 悬挂的水晶灯，给人一种奢华、富丽的感觉。水晶灯的运用，使空间光影自然，造型优雅，让人们在进餐时享受到温馨浪漫。

　　🔵 玫红色的墙面，使空间充满了浪漫的气息。

RGB=187,69,85 CMYK=34,85,59,0

RGB=239,193,101 CMYK=10,30,65,0

RGB=223,207,189 CMYK=16,20,26,0

RGB=152,90,46 CMYK=46,71,93,9

　　本作品为美式风格设计的客厅空间，整个空间的层高较高，使用了吊顶的水晶灯，既增添了华贵感，又在视觉上给人一种层次感。

■ RGB=203,187,172　CMYK=25,27,31,0

■ RGB=79,110,139　CMYK=76,56,36,0

■ RGB=177,108,116　CMYK=38,67,46,0

■ RGB=200,202,205　CMYK=25,18,16,0

　　本作品为开放式的空间设计，用吊灯、灯带区分餐厅与厨房的空间，在吊顶中央悬挂一个水晶灯，给人一种奢华感，与空间的整体装饰相互融合。

□ RGB=251,243,232 CMYK=2,6,11,0

■ RGB=207,183,145 CMYK=24,30,45,0

■ RGB=76,59,41 CMYK=67,71,85,42

■ RGB=84,57,77 CMYK=72,82,57,24

◎4.1.2 简约木质的灯饰设计

灯具市场品种丰富,造型也千变万化。木质灯具造型,常给人一种自然、纯粹的感觉。木质本身的色彩和灯罩色彩非常协调、柔和。

设计理念:竹编吊灯位于餐厅空间正中央位置的天花板上,既方便了整体空间的照明,又释放出浓郁的自然气息。

色彩点评:棕色的吊灯与整体空间色彩适配,营造出温馨、自然、舒适的用餐氛围。

🔵 竹编灯罩展现出天然朴素的质感,与藤编座椅、木桌非常搭配。

🔵 门边摆放的绿植装饰在温馨的空间气氛中加入了鲜活的生命气息。

- RGB=131,77,39 CMYK=51,74,96,19
- RGB=219,204,181 CMYK=18,21,30,0
- RGB=180,151,119 CMYK=36,43,54,0
- RGB=37,36,41 CMYK=83,80,72,55

本作品为美式风格的休息室设计,两组单人沙发围绕着圆桌摆放,造型独特的木质吊灯,使整体空间极为舒适、自然。米色乳胶漆与白色搭配,极具美式风格特点。

本作品大量采用明度不同的木质材料(吊灯、地板、椅子),显得空间更稳定、安全。结合灰色、白色的墙面,整个空间显得整洁而干净。

- RGB=236,204,167 CMYK=10,24,36,0
- RGB=247,242,238 CMYK=4,6,7,0
- RGB=181,154,135 CMYK=35,42,45,0
- RGB=157,224,255 CMYK=41,0,2,0
- RGB=28,95,182 CMYK=87,64,1,0

- RGB=235,198,164 CMYK=10,27,36,0
- RGB=129,122,115 CMYK=58,52,53,1
- RGB=186,141,107 CMYK=34,49,59,0
- RGB=240,243,253 CMYK=7,5,0,0

◎4.1.3 灯饰设计技巧——灯饰的趣味造型

设计师在选择灯饰时，除了最常见的吸顶灯、筒灯外，还可以尝试更具造型特点的灯饰。如铁艺的缠绕式灯饰、明亮的镜前化妆灯、藤编感十足的吊灯等。这些灯饰都会提升空间的品位，或许会成为空间的主角。

本作品最吸引人的就是造型独特的线条缠绕式吊灯，错综复杂的设计感，体现了空间独特的个性。

本作品是一个化妆间的空间设计，镜子上的灯带面积越大，越有利于提升化妆效果。

传统的灯泡、造型简单的铁艺灯罩悬挂在吧台桌子上方，给人一种休闲、简约、放松的感受。

配色方案

双色配色

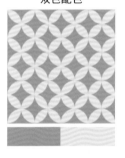

三色配色

五色配色

◎4.1.4 灯饰设计赏析

4.2 窗帘

窗帘最首要的功能就是遮光、避风沙、降噪声、防紫外线等，是可以给人安全感的软装饰。窗帘的品种很多，按照其功能性不同可分为遮光窗帘、透光窗帘等；按照其材质不同可分为麻布窗帘、棉质窗帘、丝绸窗帘等；按照其风格不同可分为欧式窗帘、简约窗帘等。

特点：

◆ 窗帘保护了人们的隐私，拉上窗帘，房屋就成了一个相对独立的空间，不会被外界所扰而影响休息。

◆ 窗帘也是一种装饰品，可以随时更换，给生活增添不一样的新鲜感。

◆ 深色窗帘遮光较好，可以防止阳光刺激眼睛。

◆ 材质比较厚重的窗帘，则具有一定的隔音效果。

◆ 窗帘的色彩搭配也会影响空间的整体效果，通常建议窗帘选择单色或拼色。

◎4.2.1 素雅干净的窗帘设计

窗帘上不需要过多繁杂的花纹图案，整体保持一种清新素雅的感觉即可。如果窗帘是大面积的浅色，搭配暖色系的家具，则会给人一种温暖、简洁、干净的视觉感受。

设计理念：宽敞的空间、造型简单的家具，凸显空间素净雅致的特点。

色彩点评：白色的窗帘和灰绿相间的地毯搭配，打造出纯净随和的空间。

🔵 整个空间大面积的落地窗，阳光穿透窗户，使空间明亮通透，给人一种舒适雅致的感觉。

🔵 纯白色的窗帘环绕在窗前，既美观又增强了空间的安全感。

🔵 转角沙发搭配四个单人沙发围绕着茶几摆放，雅观舒适，同时增加了空间的紧密度。

	RGB=255,255,255 CMYK=0,0,0,0
	RGB=196,191,197 CMYK=27,24,18,0
	RGB=237,230,214 CMYK=9,10,18,0
	RGB=48,105,144 CMYK=83,55,53,4

浅色系的落地窗帘，使透进房间的阳光不再刺眼，带来温暖、明媚的感受。橘色的单人躺椅，也给空间增添了温馨的色彩。整个空间干净、整洁，给人一种舒适的感觉。

	RGB=228,222,208 CMYK=13,13,19,0
	RGB=225,185,149 CMYK=15,33,42,0
	RGB=235,128,67 CMYK=9,62,74,0
	RGB=159,100,60 CMYK=45,67,83,5
	RGB=51,38,29 CMYK=73,77,84,58

空间色彩自上而下呈白色、浅米色、黑色，色彩的视觉重量感逐渐增强，使空间色彩更加舒适、协调。大面积的落地窗搭配简单的米色窗帘，显得自然而又纯粹。

	RGB=255,255,255 CMYK=0,0,0,0
	RGB=237,236,221 CMYK=9,7,16,0
	RGB=212,215,218 CMYK=20,14,12,0
	RGB=157,108,66 CMYK=46,63,81,4
	RGB=0,0,0 CMYK=93,88,89,80

◎4.2.2 奢华尊贵的窗帘设计

欧式风格的设计因其空间大，楼层相对较高，所以通常使用罗马帘装饰窗户。罗马帘因其复杂的结构、独特的款式，给人一种大气、奢华的感觉，具有极强的装饰性。

设计理念：简单的线条设计，尊贵的红色座椅，营造出一种简洁、奢华的视觉效果。

色彩点评：色彩搭配合理，凸显空间宽阔明亮。

❶ 主要以白色为主色调，华丽典雅中透着高贵。

❷ 圆弧形的落地窗，搭配枯叶绿的窗帘外加一层遮光的白纱，给人一种高贵的感觉。弧形窗的设计也提升了空间的高度感。

❸ 雕刻精美的红色座椅，则体现了欧式特有的风格。

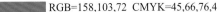

RGB=255,255,255 CMYK=0,0,0,0
RGB=177,166,121 CMYK=38,34,56,0
RGB=175,83,67 CMYK=39,79,75,2
RGB=158,103,72 CMYK=45,66,76,4

本作品为一个欧式风格客厅设计，整个空间大面积使用红色，给人一种尊贵、高雅的感觉。罗马帘搭配挂幔，使得窗帘更具装饰特色。

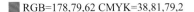

■ RGB=178,79,62 CMYK=38,81,79,2
■ RGB=0,0,0 CMYK=93,88,89,80
□ RGB=255,255,255 CMYK=0,0,0,0

本作品为一个对称式客厅的设计，窗帘为多层罗马帘，黄色和红色相搭配，运用黄色来渲染空间，营造出富丽堂皇的效果，给人一种尊贵、奢华的感受。

■ RGB=173,134,49 CMYK=41,51,91,0
■ RGB=140,48,34 CMYK=47,91,99,19
□ RGB=244,236,183 CMYK=8,7,35,0
■ RGB=204,177,117 CMYK=26,32,59,0

◎4.2.3　窗帘设计技巧——材质上的运用

　　窗帘的材质有许多种，根据悬挂位置、室内风格、用途等的不同，可以采用不同材质的窗帘。如薄纱材质的窗帘给人一种朦胧感，增强了浪漫氛围；较厚的棉麻窗帘，可以阻挡光线，增强了空间的隐私性。常见的材质类型有棉质、麻质、纱质、绸缎、植绒、竹质、人造纤维等。

客厅的空间需要色彩的点缀，作品中天花板与窗帘的衔接，迅速改变了暖色调房间的外观视觉特点，提升了房间整体的优雅气息。	厚重的棉麻材质，可以有效地阻挡阳光的进入，大面积的绿色给人眼前一亮的感觉，加上小部分的天蓝色，使空间更具活力，生机勃勃。	薄纱的窗帘设计，给人一种朦胧感。当在躺椅上休息，风吹过飘逸的白纱，望着蓝色的大海，给人一种舒适休闲的体验。

配色方案

双色配色	三色配色	四色配色

 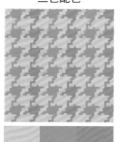 

◎4.2.4　窗帘设计赏析

4.3 织物

织物是天然纤维或者是合成纤维制作的纺织品的总称。在软装饰中，设计师轻而易举就可以想到地毯、壁挂、毛巾、床单、抱枕等，可以根据装修风格而选择相应的织物。

特点：

◆ 起到软化硬装的作用，让空间柔软起来。

◆ 柔软的装饰还可以起到保护家人以免磕碰的作用。

◆ 具有灵活的多变性和画龙点睛的作用，使空间看起来特立独行、富有个性化。

◎4.3.1 民族风格的织物设计

民族风格的织物设计是极具装饰性的，常用的有代表民族的花纹元素或取自自然的植物等。通过传统工艺的编织图案等方式，传递出浓郁的民族风情。

设计理念：整个空间的布艺图案都突出了民族特点，极具原始自然的风情。

色彩点评：色彩斑斓，取材自然，加上暖色的布艺饰品点缀，给人一种自然气息。

❶ 窗户的下方放置一个榻榻米式的沙发，铺上沙发套，放上软软的抱枕，给人一种家的温暖。

❷ 浓郁的民族风格色彩，展现出传统的、民族独有的文化特点。

RGB=255,255,255 CMYK=0,0,0,0

RGB=178,182,189 CMYK=35,26,21,0

RGB=198,77,96 CMYK=29,82,52,0

RGB=50,110,166 CMYK=82,55,19,0

本作品是一个卧室的空间设计，嫩黄色的床上用品，给人一种轻快、充满活力的感觉。床单上五彩缤纷的花纹，可以使人保持一种清新自然、充满活力的积极的心态。

这是一个室外的休息空间，取材于自然，纯天然的材质散发着浓烈的自然气息。座椅上的抱枕靠垫采用传统编织布艺，线条简洁凝重，具有典型的民族风格。

RGB=240,221,163 CMYK=10,15,42,0

RGB=222,222,230 CMYK=15,12,7,0

RGB=183,92,107 CMYK=36,75,48,0

RGB=72,77,109 CMYK=81,74,45,6

RGB=130,42,66 CMYK=53,94,66,18

RGB=96,80,75 CMYK=66,68,66,21

◎4.3.2　现代风格的织物设计

现代简约风格的设计多强调功能性，线条简约，色彩对比强烈。但是简约而不简单，并且在织物的选择上也要遵循这一原则，强调实用性与舒适感结合。

设计理念：沙发最大的功能就是提供舒适的体验，柔软的布艺让人感到更加舒适。

色彩点评：明亮的黄色给人一种温暖的感觉。

❶ 在空间一角的位置摆放一个休闲的沙发，供家人休息、聊天。

❷ 柔软的抱枕给人一种温馨的感觉，可以起到保暖和一定的保护作用。

❸ 旁边的矮桌方便放置一些水果、下午茶。

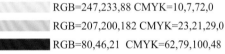

RGB=247,233,88 CMYK=10,7,72,0
RGB=207,200,182 CMYK=23,21,29,0
RGB=80,46,21 CMYK=62,79,100,48
RGB=131,150,164 CMYK=55,37,30,0

柔软的织物与明亮洁净的客厅空间可以为居住者带来愉快轻松的心情，淡灰蓝色与橙色调的点缀，增添了温馨的气息。

RGB=204,204,202 CMYK=24,18,18,0
RGB=255,255,255 CMYK=0,0,0,0
RGB=166,177,195 CMYK=40,27,17,0
RGB=229,202,191 CMYK=12,24,23,0
RGB=179,150,118 CMYK=36,43,55,0

通透的白色床幔从架子上垂落下来，分隔出床的空间，视觉上有一种朦胧感，营造出一种雅致、清幽的空间氛围。

RGB=212,205,199 CMYK=20,19,20,0
RGB=227,226,224 CMYK=13,10,11,0
RGB=150,123,96 CMYK=49,54,64,1
RGB=89,10,5 CMYK=56,99,100,49

◎4.3.3 织物设计技巧——地毯的运用

在室内装修中使用地毯，可以起到保暖作用，也具有一定的减震、减噪效果。优质地毯的材质具有弹性好、耐脏、不褪色等特点，特别是具有储尘的能力，可以起到净化室内空气、美化室内环境的作用。

地毯有着良好的吸音、隔音、防潮的作用。在楼梯上铺上地毯之后，可以减轻上下楼的声音。还有防寒、保温的作用。

楼梯拐角处的设计，透明玻璃的安全挡板，从二楼可以看见楼下的状况。地毯具有一定的保暖作用，可以拿着吉他坐在上面，享受一个舒适放松的下午。

地毯的菱形花纹图案展现出鲜明的波希米亚特色，整个空间以深绿色为主色调，打造出自然、复古的居住空间。

配色方案

双色配色	三色配色	五色配色

◎4.3.4 织物设计赏析

4.4 壁纸

壁纸又称为墙纸，广泛运用于住宅、宾馆、商业空间等室内装修中。壁纸的选择可以奠定整个空间的基本风格。现在市场上，壁纸品种多样，图案风格各异，既能满足人们对于空间装饰的需求，又能展现主人的个性，体现了当代发展潮流和人们对于时尚的追求。

特点：

◆ 风格、图案多样，具有很强的观赏性、装饰性。

◆ 便于铺装装饰，缩短了装修的时间。

◆ 采用先进工艺制作，材质好，使用寿命长。

◆ 表面光滑，便于清理。

◎4.4.1 田园碎花的壁纸设计

田园风格给人清新自然的感觉，多用碎花图案为主调，并且壁纸花纹多以自然元素为主，如植物、树叶、花朵、藤蔓、蝴蝶等。通过田园壁纸设计，可以传递出人们对田园安逸生活的向往。

设计理念：通过壁纸的装饰，为室内空间注入鲜活的气息，带来惬意、轻快的居家体验。

色彩点评：田园风格的花鸟图案壁纸获得了动静结合的装饰效果，增添了清新、自然与生命的气息。

➊ 深绿色树叶与棕色树枝利用线条的弧度，打造出流畅、舒展的视觉效果，展现出悠闲、随性的生活理念。

➋ 蓝灰色桌子与深褐色桌椅，结合壁纸的装饰，打造出复古、浪漫的空间风格。

RGB=213,218,221 CMYK=20,12,11,0
RGB=118,122,105 CMYK=62,50,60,2
RGB=148,103,70 CMYK=49,64,77,6
RGB=131,157,172 CMYK=55,33,28,0

该浴室采用干湿分离的设计方法，以浅色系为主色调，翩翩起舞的蝴蝶在墙壁上"停靠"，仿佛要飞出来似的，给人留下一种清新、自然的视觉印象。

RGB=247,234,201 CMYK=5,10,25,0
RGB=255,255,255 CMYK=0,0,0,0
RGB=216,135,145 CMYK=19,58,32,0
RGB=165,148,214 CMYK=43,44,0,0

该浴室中贴着淡蓝色的碎花墙纸，给人一种清新惬意的感觉，与白色的柜子、造型复古的壁灯相互搭配，使整个空间显得干净、整洁，给人一种舒适感。

RGB=255,255,255 CMYK=0,0,0,0
RGB=197,227,238 CMYK=27,4,7,0
RGB=163,129,83 CMYK=44,52,73,0
RGB=0,0,0 CMYK=93,88,89,80

◎4.4.2 创意新奇的壁纸设计

壁纸虽然是平面的，但是可以通过其纹理和图案表现出三维的立体感，如在卫生间中使用"书架"作为壁纸，非常有趣。

设计理念：采用新奇的书架图案，给人一种走错屋子的感觉，仿佛不是卫生间而是书房，设想一下该多么有趣。

色彩点评：整齐的书架和多彩的书籍排列，给人一种明亮感，增强了空间感。

① 书脊的颜色明亮多彩，颜色具有跳跃性，使得空间拥有一丝活泼感。

② 搭配一个书桌外形的洗手台，与空间的墙纸相映衬，使空间装饰更加融合统一。

RGB=237,229,226 CMYK=9,11,10,0
RGB=113,75,0 CMYK=58,70,100,26
RGB=94,153,171 CMYK=67,31,30,0
RGB=263,161,124 CMYK=21,43,51,0

整个空间贴上书柜图案的壁纸，柔和的灯光使得空间微微泛黄，给人一种淡淡的柔和感，仿佛置身于一间休闲舒适的书房。

☐ RGB=238,237,243 CMYK=8,7,3,0
■ RGB=110,84,43 CMYK=60,65,94,23
▨ RGB=197,186,160 CMYK=28,26,38,0
■ RGB=178,124,107 CMYK=37,58,55,0

本作品为浴室空间设计，采用鱼鳞图案的壁纸对空间进行装饰，不同纯度的青色使壁纸更加生动、梦幻，带来视觉上的享受。

☐ RGB=195,229,238 CMYK=28,2,8,0
▨ RGB=78,179,189 CMYK=67,13,30,0
■ RGB=1,125,135 CMYK=85,43,47,0
☐ RGB=246,246,246 CMYK=4,4,4,0
■ RGB=127,76,31 CMYK=53,73,100,21

◎4.4.3　壁纸设计技巧——壁纸的图案、装饰

　　墙体的壁纸在装修中扮演着十分重要的角色，再结合色彩与空间，可以打造出既温馨又具有艺术感的空间。另外，壁纸的图案类型，可以更好地凸显空间的设计风格。

本作品是一个卫生间的空间设计，浅色系的花纹壁纸，营造出一种淡淡的温馨甜蜜的氛围。	本作品是一个浴室的空间设计，绿色花纹的墙纸，搭配同色系的浴缸，给人一种置身于大自然的感觉，可以让人们更自由、放松。	墙纸的花朵图案呈现出花团锦簇般的装饰效果，使得整个空间极具层次感，墙纸运用素雅的颜色，给人一种清新、自然的感觉。

配色方案

双色配色　　　　　　　　　三色配色　　　　　　　　　四色配色

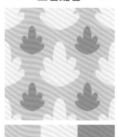

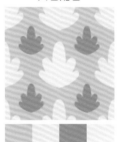

◎4.4.4　壁纸设计赏析

4.5 绿植

绿植是绿色观赏植物的简称，具有绿化空间的作用。在室内设计中通常用于装饰空间，不但可以给空间增添自然的气息，带来新鲜的空气；同时具有观赏性，可以使人们心情平和，身心得到放松。在空间中大面积地摆设绿植，也有助于舒缓眼睛疲劳。当空间某个区域太空旷时，不妨放盆绿植，既可以让陈设更饱满，还可以让人眼前一亮。

特点：

◆ 绿色植物可以进行光合作用，为房屋提供新鲜的空气。

◆ 绿植能帮助人们调节情绪，不同种类具有不同的功效，有的可以振奋精神，有的则可以镇静安眠。

◆ 房屋中的湿度过高或者过低时，都会对人体产生不利的影响，在房屋中放上绿植则可以调节空气中的湿度。

◆ 绿色植物还可以净化空气中的有毒物质，如苯、甲醛、二氧化硫等。还可以起到杀菌消毒的作用，对空气中的细小颗粒、烟尘也具有一定的吸附作用。

◉4.5.1 自然田园的绿植设计

绿植的摆设能给人一种清新自然的感觉，起到美化空间作用的同时，还可以给房间增添新鲜的空气。田园风格的设计在搭配绿植时可以更随意，就像在户外一样，可以尝试让植物悬挂于墙上，甚至攀爬在墙上。

设计理念：简约的家具，复古的墙壁，加上清新的绿植，给人一种生活在田园里的感觉。

色彩点评：淡浅粉色给空间增添了别样的小惊喜。

① 悬挂的绿植，触手就可摸到的叶子，给人一种新鲜感。

② 淡粉色的简约座椅，为空间营造出青春向上的氛围，给人一种生机勃勃的感觉。

RGB=247,213,214 CMYK=3,23,11,0

RGB=3,139,2 CMYK=83,31,100,0

RGB=178,112,59 CMYK=38,64,84,1

RGB=90,64,52 CMYK=64,73,78,34

多盆绿植环绕摆放，使该休息空间萦绕着清新、自然的气息。休息用的矮榻为室主人提供了良好的休憩场所。

RGB=189,191,208 CMYK=31,23,12,0

RGB=255,255,255 CMYK=0,0,0,0

RGB=161,139,166 CMYK=44,48,22,0

RGB=159,135,103 CMYK=45,49,62,0

RGB=69,120,0 CMYK=77,44,100,5

整个空间的墙面、地面采用原始的水泥，没有运用过多的装饰，墙面上为创意简单的绘画，在墙角处摆放的大叶绿植，装饰了客厅空间。

RGB=168,170,149 CMYK=41,30,42,0

RGB=79,174,220 CMYK=66,20,10,0

RGB=85,122,29 CMYK=73,45,100,5

◎4.5.2　现代都市的绿植设计

都市中繁忙工作的白领，大部分都在钢筋水泥的空间中拼搏，容易让人疲乏。所以设计师在设计空间时，可以摆放大型绿植，让整个空间更具活力。办公室常用的绿植有平安树、发财树、金钱树、富贵树、散尾葵、夏威夷竹、节节高、大树萝等。

设计理念：在工作区域摆放一盆常青阔叶植物，可以给空间增添自然的气息。

色彩点评：现代感十足的工作环境，搭配绿色的植物，使空间更有生机。

① 绿色植物代表着生命、活力、奋斗，具有积极向上的含义，给人一种想要努力奋斗的感觉。

② 现代化的皮质沙发、座椅，突出了空间的风格。皮质材料的质感，突出了主人自身的涵养。

RGB=236,233,214 CMYK=10,8,19,0
RGB=182,161,106 CMYK=36,37,63,0
RGB=46,37,30 CMYK=76,77,82,59
RGB=113,123,60 CMYK=64,47,91,4

本作品是一个现代风格的会客厅设计，在空间中设计了两面绿植墙，使得整个空间生机勃勃，同时也起到了净化空气的作用，带给人们一种活力满满、蓬勃向上的感觉。

RGB=240,243,248 CMYK=7,4,2,0
RGB=40,81,7 CMYK=84,56,100,30
RGB=116,163,41 CMYK=62,23,100,0
RGB=4,14,102 CMYK=100,100,56,9

本作品中的植物作为空间中不可或缺的元素，具有改善室内空气的作用。以种植庭院和综合露台的形式，在室内放置绿色植物，可以躺在躺椅上舒适地享受生活。

RGB=229,220,213 CMYK=13,14,16,0
RGB=134,204,223 CMYK=50,7,15,0
RGB=196,140,69 CMYK=30,51,79,0
RGB=62,101,29 CMYK=79,51,100,16

◎4.5.3　绿植设计技巧——植物的摆放

　　绿色植物能够让人们缓解疲劳、舒缓压力，使人心旷神怡。在家中摆放绿植，不仅美观，还可以改善室内的环境，减少灰尘并调节室内的温度和湿度。

几何形状的架子作为盆栽植物的支架，具有极强的现代感。在墙上节约了空间，把墙面变成一个小花园，使家里更加自然、清新。	这是一个室外的露台设计，在沙发的后面是一个小型的绿化带，在空中悬挂着紫色玻璃的装饰，营造出一种自然的氛围。	闲暇惬意的阳台空间中，摆放了一个花架来放置绿植，坐在舒适的沙发上，望着窗外的风景，是生活中最为惬意的享受。

配色方案

双色配色	三色配色	四色配色

◎4.5.4　绿植设计赏析

4.6 挂画

在家庭装修中，为了营造艺术氛围并体现主人的生活态度，常常在空间设计时搭配一些饰品。墙面是整个房屋空间中较为重要的地方，在墙面上摆设装饰画、照片，可以起到美化空间的作用。挂画的排列悬挂方式有很多，可以根据主人的喜好自行设计。

特点：

◆ 可以反映空间的个性特点，体现主人的生活态度。

◆ 为空间添加了一丝生活情趣。

◎4.6.1 整齐排列的挂画设计

将挂画按照规律整齐地排列，使空间具有线条的优美感，既可在视觉上给人一种整齐、干净的感觉，又可对空间起到一定的美化作用。

设计理念：门厅的设计，构成一个空间的主题，丰富了空间的内容，改变了空间的布局。

色彩点评：简单朴素的颜色，给人一种质朴感。

🔘 九宫格形摆放的树叶标本，画面上的留白，从视觉上更透气自然。

🔘 墙面上的树叶标本颜色也与整个空间相搭配，可以看清叶脉的纹路。

🔘 柜子上的雕像装饰品，给人一种美的享受，凸显主人对艺术的追求。

RGB=193,188,183 CMYK=29,25,26,0

RGB=184,169,140 CMYK=34,34,46,0

RGB=110,72,60 CMYK=58,73,75,24

RGB=222,218,209 CMYK=16,14,18,0

本作品是一个儿童房的空间设计，墙面挂画上的图案为26个字母的图文介绍，为空间营造出学习氛围，可以起到增强孩子们学习兴趣的作用。

RGB=224,216,209 CMYK=15,15,17,0

RGB=163,174,198 CMYK=42,29,15,0

RGB=196,86,105 CMYK=29,78,47,0

RGB=84,45,34 CMYK=61,81,86,45

本作品中的挂画设计具有一定的抽象感，对称的摆设，给人一种整齐、简洁感。画中色彩的应用则给空间营造出个性感、现代感的艺术氛围。

RGB=197,166,136 CMYK=28,38,47,0

RGB=224,219,216 CMYK=15,14,14,0

RGB=116,207,226 CMYK=55,2,16,0

RGB=170,186,22 CMYK=43,18,98,0

RGB=45,99,120 CMYK=85,60,47,3

◎4.6.2 创意摆设的挂画设计

在进行创意摆设的挂画设计时，人们可以按照自己的喜好摆放、设置图片的形状，既可以设置成画廊风格，又可以随心所欲地摆放挂画，能在墙面上有一种独特的体现，从而使得空间具有观赏性和时代感。

设计理念：木纹背景墙面悬挂的多幅装饰画大小不一，形成随性、不受拘束的个性风格。

色彩点评：绿松石绿作为主色，给人一种明亮、清新的视觉感受。

🎨 青色调的背景墙与无彩色床品打造出安静、惬意的空间气氛，为主人提供一个自在、轻松的休息环境。

🎨 几何装饰画与抽象装饰画呈现出与众不同的个性特征，体现出时尚感与设计感。

- RGB=1,178,194 CMYK=74,11,29,0
- RGB=255,255,255 CMYK=0,0,0,0
- RGB=239,202,194 CMYK=8,27,20,0
- RGB=25,33,36 CMYK=87,79,75,59

灰蓝色的墙壁打造出复古、典雅的卧室空间，墙面悬挂的花卉装饰画与地毯边造型独特的绿植相呼应，凸显了文艺、浪漫的艺术格调。

本作品为自然风格的书房设计，将不同的动植物照片错落地悬挂在墙面上，搭配桌面与桌边摆放的绿植，打造出具有沉浸感的家居空间。

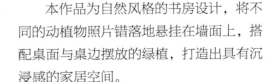

- RGB=73,101,138 CMYK=79,61,34,0
- RGB=193,147,111 CMYK=30,47,57,0
- RGB=175,196,201 CMYK=37,17,20,0
- RGB=164,147,77 CMYK=44,42,79,0
- RGB=131,86,80 CMYK=55,71,65,11
- RGB=138,182,86 CMYK=54,15,79,0

- RGB=150,166,155 CMYK=48,29,39,0
- RGB=220,199,172 CMYK=17,24,33,0
- RGB=234,234,235 CMYK=10,8,7,0
- RGB=136,91,52 CMYK=52,68,88,13
- RGB=37,64,1 CMYK=83,62,100,43

◎4.6.3 挂画设计技巧——装饰画类型的划分

　　装饰画在室内装修中按照制作方法的不同，可分为实物装裱装饰画和手绘作品装饰画；按照其材质不同，又分为油画、木质画、丝绸画、摄影画等。

现代风格的空间悬挂着色彩绚丽的抽象风格油画，与两个抱枕的色彩相呼应。	儿童房间的装饰，无框的挂画，给人一种延伸感，展现空间的无拘无束。画中的色彩也给人一种甜蜜的感觉。	沙发背景墙的装饰，一幅自然动物题材的画作，精心雕饰的画框，对称摆放的瓷盘装饰，与沙发协调搭配在一起，可为空间的美感锦上添花。

配色方案

双色配色	三色配色	四色配色

◎4.6.4 挂画设计赏析

4.7 花艺

花艺是花卉艺术的简称。花卉艺术就是通过一定的技术手法将各种花卉排列、组合，摆放在房屋中，使观者赏心悦目，体现人与自然的和谐相处，表现自然的生命力。人们常借用花卉、植物陶冶情操、修身养性。

特点：

◆ 花艺的摆放能使居住的空间更有生机，更加出色。

◆ 每一种花卉都具有其独特的花语，摆放时可以表达出不同的含义。

◆ 可以使居住的人感到温馨，也可以使空间显得既高雅又有气质。

◎4.7.1 鲜花的花艺设计

鲜花的特点是色彩绚丽、花香四溢，是生命力的象征。使用鲜花装饰室内空间，可以调节室内的环境氛围。

设计理念：宽敞明亮的空间，放置许多自然元素，给人一种清新、干净的感觉。

色彩点评：以典雅的白色为主色调，以中性色彩搭配，局部以红色鲜花点缀，使空间简约明亮而又不失热情与华丽。

❶ 充足的阳光照射进来，给人一种积极向上的感觉，使人心情豁然开朗。

❷ 简约座椅与植物相搭配，完美地融合在一起。

❸ 盆景的增添使平淡的空间焕然一新。

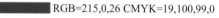

■ RGB=215,0,26 CMYK=19,100,99,0

■ RGB=114,142,42 CMYK=64,37,100,0

□ RGB=241,235,209 CMYK=8,8,22,0

■ RGB=99,75,53 CMYK=62,68,82,28

本作品为北欧风格的浴室设计，整个空间以柔软、清新的蓝灰色与白色作为主色进行设计。洗脸池旁摆放的鲜花为空间增添了生机，更显空间干净、灵动。

本作品为卧室空间的设计，在两个沙发中间的茶几上摆放花瓶，一朵朵绽放的花朵生机勃勃，花卉的颜色也与床上的靠枕颜色遥相呼应。

□ RGB=238,236,238 CMYK=8,7,5,0

■ RGB=155,164,186 CMYK=45,33,19,0

□ RGB=227,230,174 CMYK=16,7,40,0

■ RGB=121,153,44 CMYK=61,31,100,0

■ RGB=210,160,92 CMYK=23,42,68,0

■ RGB=232,103,78 CMYK=10,73,66,0

□ RGB=233,228,225 CMYK=11,11,11,0

■ RGB=232,86,38 CMYK=10,79,87,0

■ RGB=97,61,40 CMYK=60,75,88,35

■ RGB=123,41,15 CMYK=51,91,100,28

◉ 4.7.2 干花的花艺设计

运用自然的干花或经过处理后的植物插瓶，既可以保持原有植物的自然形态，又可以对其进行染色、组合。干燥的花卉可长久地摆放，方便管理。鲜花的生命虽已枯竭，但通过插花艺术使其又得到了永恒的延续。

设计理念：简洁的空间中运用对称的手法，没有过多的装饰，呈现出一种宁静的美感。

色彩点评：采用黑、白、灰等色彩，使人心情得到放松、平静，打造出超凡脱俗的室内环境。

❶ 插花的摆设使空间得到了延伸，凸显了空间深层次的魅力。

❷ 用天然的干花、树枝做盆景，令空间更加富有生机。

RGB=230,226,217 CMYK=12,11,15,0

RGB=171,112,73 CMYK=41,63,76,1

RGB=87,86,45 CMYK=69,60,94,25

RGB=27,4,1 CMYK=80,89,80,75

餐桌的中央摆放干花，水瓶形的插花设计，将空间的视觉重心横向延伸，中央稍微凸起。其设计的最大特点是能从任何角度欣赏，给人一种享受生活的乐趣。

RGB=218,199,166 CMYK=18,23,37,0

RGB=85,36,21 CMYK=59,87,97,48

RGB=247,239,187 CMYK=7,6,34,0

RGB=76,86,61 CMYK=73,59,81,24

餐桌上摆放了青花瓷瓶，体现出了传统与现代融合的艺术理念。中间玻璃花瓶中插满了带着碎花的枝条，空间中充满古典与优雅的气息，而且干花可以保持很长时间，摆放也灵活方便。

RGB=227,228,223 CMYK=13,9,12,0

RGB=45,88,133 CMYK=88,68,34,0

RGB=119,112,68 CMYK=61,54,82,8

RGB=160,98,77 CMYK=45,69,71,4

◎4.7.3 花艺设计技巧——花艺的摆放

　　在室内装饰中，花卉恰到好处的摆放会使人心情愉悦。当下班回到家中看见一簇花在房间里生机勃勃地绽放，一天的劳累也会随之消散。

　　墙上的花朵装饰与窗帘的花纹遥相呼应，使整个空间的装饰元素形成统一、和谐的效果，给人一种甜美的感觉。

　　床头上装饰着五彩缤纷的花带，每日醒来最先映入眼帘的便是这面"花墙"，营造出一种浪漫的环境氛围。

　　客厅中金色的双人沙发使人眼前一亮，搭配茶几上摆放着的清新自然的花束，体现了主人的生活品质。

配色方案

双色配色

三色配色

四色配色

◎4.7.4 花艺设计赏析

4.8 饰品

　　家装饰品是指家装装修完成之后，利用那可移动的、可变换的饰物与家具对室内进行二次装修。作为可移动的装饰品，可以根据主人的需求、经济情况及房屋空间的大小形状等来进行摆放，既可以体现主人的个性与品位，也可以为空间打造出温馨、简约等风格。

　　特点：

◆ 美化空间，改善空间的形态。给空间添加柔和性，不会给人冰冷感、枯燥感。

◆ 烘托空间环境，对室内空间的设计风格具有很大影响。

◆ 体现出主人的个性、爱好等。主人也可以根据自己的喜好来进行装饰。

◎4.8.1 墙面装饰的饰品设计

墙面的饰品设计可以增强室内的美感，美化室内的环境，突出室内的风格。同时墙面装饰还具有其他功能，例如在墙面上装上置物架，可以收纳物品等。

设计理念：在墙上挂钉板，可以根据个人的需要摆放物品，既节约了空间，又使生活充满了乐趣。

色彩点评：空间布局分明，繁杂而不零乱，极具条理性。

🌸 多功能的挂钉板，上面可以安装轨道、挂钩，创建一个高效的办公枢纽，挂起图片、收纳筐，非常便利、高效、节约。

🌸 儿童学习的地方，东西摆放整齐，节约了空间。

RGB=54,163,168 CMYK=73,21,38,0

RGB=237,231,217 CMYK=9,10,16,0

创意的瓷盘造型，令简洁时尚的空间更加丰满，增添了一丝生活趣味。黑色素雅的柜子上摆放书籍、台灯，体现了主人的生活品位。

■ RGB=54,171,165 CMYK=72,15,42,0

□ RGB=236,239,215 CMYK=11,4,20,0

■ RGB=11,11,11 CMYK=89,84,84,75

悬挂的装饰品与仿真柿子树为空间增添了趣味性元素，打造出孩子喜欢的游戏空间，给人一种轻松、可爱的感觉。

■ RGB=222,222,224 CMYK=15,12,10,0

■ RGB=179,176,183 CMYK=35,29,23,0

■ RGB=117,148,107 CMYK=61,34,65,0

■ RGB=233,70,63 CMYK=9,85,71,0

■ RGB=224,127,95 CMYK=15,62,60,0

◎4.8.2　节日的饰品装饰

节日装饰品一般多用于营造欢快、喜庆的节日气氛，例如农历新年或六一儿童节等节日，美观大方的节目装饰可以为家人带来好心情。常用的节目饰品如剪纸、彩灯、气球等，以烘托气氛。

设计理念：新年的独特装饰品与腊梅干花为整个空间注入了喜庆、火热的气息。

色彩点评：新年的专属红色使空间洋溢着浓浓的年的味道。

① 红色装饰瓶与琥珀色木桌形成邻近色搭配，给人一种温馨、温暖的感觉。

② 天蓝色背景墙表面纹理形成凸起的视觉效果，令人产生水面波纹的联想，进而产生清凉、梦幻般的感受。

RGB=240,221,192 CMYK=8,16,27,0
RGB=167,216,234 CMYK=39,5,9,0
RGB=252,41,17 CMYK=0,92,91,0
RGB=204,90,49 CMYK=25,77,86,0

儿童房通过灯带与装饰球的搭配，打造出浪漫、温馨的休息空间，为孩子提供了一个惬意、自由、雅致的居住环境。

☐ RGB=246,240,235 CMYK=5,7,8,0
■ RGB=103,85,79 CMYK=64,67,65,17
■ RGB=199,164,158 CMYK=27,40,33,0
■ RGB=117,111,110 CMYK=62,57,53,2

气球与星星吊饰作为空间主要的装饰品，采用浅色调的黄色与淡蓝色进行搭配，打造出素雅、浪漫的儿童休闲空间。

RGB=203,217,244 CMYK=24,13,0,0
RGB=220,214,154 CMYK=19,14,46,0
■ RGB=95,96,124 CMYK=72,65,41,1

◉4.8.3 饰品设计技巧——饰品的摆放

　　饰品设计的基本功能就是增强空间的美感。饰品的陈列布置方式非常讲究，不同风格的设计可以使用不同的摆放方式，或整齐，或随意。饰品的摆设也要考虑到空间结构造型的美感，要把艺术和生活结合在一起。

该儿童卧室通过织物与挂画等装饰品增添了柔软感与童趣感，窗户处的鸟笼、树枝与小鸟仿真饰品则赋予空间生动的气息。	炉台两侧墙面上的架子，可以收纳摆放一些厨房用品，节约了空间，也使厨房变得更加整齐、干净。	床头墙面上的装饰品，极具现代感与艺术气息。红色的珊瑚形状，给人提供了一个遐想的空间。

配色方案

双色配色　　　　　　三色配色　　　　　　四色配色

◉4.8.4 饰品设计赏析

4.9 设计实战："格调印象"家居空间设计

◎4.9.1 设计说明

建筑面积：110 ㎡

装修风格：简单、清爽、现代的简约风格

主要材料：铁艺、墙漆、涂料、抛光地砖、石膏线等

本案例中的家居空间是为一个现代简约风格的整体方案，空间为两室两厅一厨一卫，共计 110 ㎡。

客户特点及要求：

客户是一对年轻的新婚夫妇，受教育程度较高，有一定的经济实力。空间主要以简洁的时尚感为主。客户有自己的想法，喜爱比较有格调的空间设计，喜爱现代风格的感觉，希望在保持空间设计性的前提下兼顾功能性。

解决方案：

根据客户提出的要求和想法进行方案设计。在风格方面，应大量使用现代风格的家具、配饰，力求达到简约而不简单。在色彩方面，采用黑色、米色、蓝色为主。摒弃繁缛豪华的装修，力求拥有一种现代简约的居室空间。材料、家具、配饰的选用要更环保、有内涵、有格调。

风格特点：

◆ 空间线条结构明朗，凸显现代风格。

◆ 空间虽大，但是分割合理，集设计和实用于一体。

◆ 墙面不使用过多的花纹作为装饰，仅仅使用浅色系为主色调，简单明了，惬意舒适。

◆ 家具陈列方式具有个性，搭配设计感强烈的配饰，动静结合。

◆ 墙面装饰画极具艺术气息，凸显了客户的文化内涵。

◎4.9.2 不同设计风格赏析

客　厅	分　析
 设计师清单  	● 本案例运用白色与黑色纯度上的调和，使空间显得比较和谐，整个空间给人一种干净、整洁的视觉感受。 ● 本作品属于现代简约风格的客厅搭配，很符合简单、沉着性格的人居住。 ● 在沙发的斜后方位置，开辟了一个展示柜的位置，上面还有专门设置的筒灯。
卧　室	分　析
 设计师清单 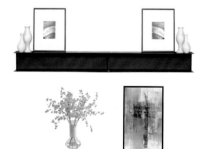	● 该卧室的空间用淡蓝色墙体来契合于客厅，强调空间的和谐搭配，也把卧室空间塑造得和谐温馨，更容易使居住者身心放松。 ● 在家居设计中要重视不同空间应有统一的要点，由作品可以看出居室空间整体的融合性，塑造出更为静谧随和的空间。 ● 整个空间以对称的方法来设计，墙面上的装饰柜，可以放置一些东西，在另一侧的墙面设置了挂钩，整个空间兼顾了功能性和舒适性。

餐　厅	分　析

设计师清单

- 本作品空间中简练的装饰摆设可以很好地凸显空间的宽容感，也更加方便居住者打理空间。
- 在餐厅空间打造一处精巧的窗户，不仅能够使空间更加明亮，还能在就餐时享受温馨的阳光。
- 餐厅是一家人就餐、联络感情的地方，在墙面上摆放绿植，可以营造出一种清新的氛围，也促进了家人的感情。
- 在一旁摆放了一个酒柜，酒柜旁为了方便推放，设置了一辆手推车。

厨　房	分　析

设计师清单

- 作为厨房的空间设计，整个空间大部分采用瓷砖材料作为墙体和地面的铺装。
- 空间形式简洁，强调空间的宽阔感，柔和的吊灯，为明亮的空间增添了一丝浪漫的柔情，照射在食物上，可以刺激人们的食欲。
- 开放的厨房内部所设置的大理石台面，能够给简洁的空间增添一些时尚气息，为平淡的环境增加一些活力。
- 整个空间的家电设施齐全，具有强大的功能性，满足了主人的日常生活需求。

书　房	分　析

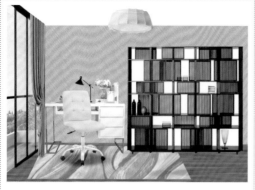

设计师清单

- 简约的书房没有过多的繁杂元素，却能用以少胜多的形式抓住人的眼球，进而突出空间简练的内涵，还能让书房不那么过于沉闷。
- 阳光透过落地窗照射在淡雅的蓝色墙面上，令整个书房更加富有生气，也令空间多了几分情感的表达。
- 趣味的书架、明亮的座椅、沉稳的书桌和地毯整体搭配起来既不突出又显得那么恰当融合，把书房塑造得更加丰富多彩。

卫　浴	分　析

设计师清单

- 棕黑色的实木与大理石台面把洗漱台塑造得更为沉稳整洁。使整个空间显得简洁、干净。
- 本作品空间注重干湿分离，运用地面设计将洗漱、淋浴空间合理地划分，并很好地保持了空间的整洁性。
- 在卫浴空间装设一扇大小适中的窗户，既能保持空间的私密性又能使空间拥有良好的通风性能，很好地解决了空间易潮湿的问题。

第 **5** 章

软装饰设计的风格

现代 \ 简欧 \ 简约 \ 美式 \ 欧式 \ 田园 \
地中海 \ 中式 \ 混搭

　　软装饰设计从最简单的生活需求逐渐演变到个人需求，可以运用多种元素设计精致的室内空间，通过软装饰的搭配，形成多种风格的房屋空间，让我们足不出户就可以体验到不同的地域风情。软装饰装修的风格大致可以分为现代风格、简欧风格、简约风格、美式风格、欧式风格、田园风格、地中海风格、中式风格、混搭风格等。

◆　　现代风格在视觉上给人一种前卫、现代的感官享受，注重功能性与空间性的统一，重视家具材料的材质，不需要过多复杂的线条。

◆　　简欧风格是欧式风格的简化，拥有欧式风格的奢华大气，同时也拥有现代时尚的韵味，但不再拘泥于复杂的装饰雕刻，颜色上也更加鲜艳亮丽。

◆　　简约风格的特点是将设计元素简化到最少，达到以少胜多、以简胜繁的效果。

◆　　美式风格注重自由、随性的特点，不拘于单一的风格与搭配，体现出一种休闲式的浪漫，具有大气感的同时不失随意、自在的情调。

◆　　欧式风格适用于拥有较大空间的房屋，大空间可以装饰得奢华大气、尊贵优雅。

◆　　田园风格的最大特点就是回归自然，以园圃特有的自然特征为主要元素，带有一定的艺术特色。

◆　　地中海风格因其独特的地理位置，具有多种颜色的搭配方式，家具材料就地取材，线条造型大多不修边幅，显得更加自然。

◆　　中式风格在空间上讲究层次感，多用屏风、博古架等传统装饰进行空间分割，融合了庄重与优雅的气质。

◆　　混搭风格是多种风格互相协调地统一出现在空间中，这种搭配可使各个空间相互融合。

5.1 现代风格

现代风格注重功能性的应用，具有简洁的造型、装饰，应用合理的构造工艺，重视材料的性能特点。现代风格中无论空间大小，大多要显得宽敞。不需要复杂化的装饰和过多家具，造型方面多采用简单几何结构，追求时尚与创新，是比较流行的一种装饰风格。

特点：

◆　　现代风格家居的空间，色彩可以明亮跳跃，大量运用高纯度色彩，不遵循传统的配色规则。大胆灵活的颜色搭配，也是彰显个性的体现。

◆　　现代风格家居多强调以功能性为设计的中心和目的，营造简洁、实用的个性化空间，通常不是以形式为设计的出发点。设计的同时讲究科学性，重视使用时的科学性与方便性。

◆　　多功能的个性空间中，强调了实用性而减少了装饰，所以需要软装配合才更能显出美感，但要避免多余装饰，合理地分配空间，同时尽可能地了解材料的性能、质地，把它们科学地组合在一起。

◉ 5.1.1 现代风格——自然

现代风格空间设计时常将自然重点体现出来。多用实木的材质作为家具，自然、休闲、轻松。回到家中就像回到了大自然，能把所有的疲惫和倦怠都驱散开去。

设计理念：设计上强调结构的完整性，硬朗的线条干练而明朗，运用最少的设计语言表达最深的内涵。

色彩点评：浅色系的空间色彩，给人一种简洁、干净的感觉。

🌼 以白色为主基调，地面采用浅灰色铺设，相较于白色或黑色，划痕和污渍在灰色中反而不显眼，比较耐脏。

🌼 使用现在流行的刨花板制作家具，以柜子作为隔挡，有效地划分了空间区域。

🌼 大型的展示柜，使空间多了储物功能，也在空间上进行了延伸。

RGB=255,255,255　CMYK=0,0,0,0
RGB=204,204,206　CMYK=24,18,16,0
RGB=182,139,94　CMYK=36,50,66,0

该空间大量运用木质材料，大到地板、电视背景墙，小到座椅、吊灯，使得整个空间充满自然的气息。搭配棉麻材质的地垫、草编的收纳筐，更突出了清新自然的特点。

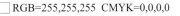

RGB=232,228,221　CMYK=11,11,13,0
RGB=211,193,151　CMYK=22,25,44,0
RGB=134,95,56　CMYK=53,65,86,12
RGB=133,126,124　CMYK=56,50,47,0
RGB=118,171,126　CMYK=59,20,59,0

白色的橱柜、木制的地板与金属灯具将现代的简洁、硬朗与自然的朴素、柔和相糅合，打造出极具现代特色的厨房空间。

RGB=148,105,70　CMYK=49,63,78,6
RGB=250,250,250　CMYK=2,2,2,0
RGB=187,163,137　CMYK=33,38,46,0
RGB=198,171,116　CMYK=29,35,58,0
RGB=136,165,83　CMYK=55,26,80,0
RGB=60,62,61　CMYK=78,70,69,36

◉5.1.2　现代风格——新奇

后现代主义风格是对现代风格的一种深入表现。后现代风格强调建筑及室内设计应具有历史的延续性，但又不拘泥于传统的逻辑思维方式，探索创新造型手法，常在室内设计夸张、变形的造型。

设计理念：曲线在后现代设计作品中被人们越来越重视，它是生动的、变幻无常的。

色彩点评：采用黑白对比色，使人更加专注于读书，不受干扰。

🌑 采用黑白配色，摒弃纷杂的色彩，营造出一种安静的氛围。

🌑 整个空间从上到下整体贯穿，视觉上给人一种宽广绵长之感。

🌑 一楼的 C 字形总服务台，从整体上配合了天井的装饰，在视觉观感上给人一种连续感。

▭ RGB=255,255,255　CMYK=0,0,0,0
■ RGB=0,0,0　CMYK=93,88,89,80

该客厅中造型别致、独特的灯具呈现出类似于分子结构的形态，突出了个性与时尚的格调，打造出专属的个性化生活空间。

◻ RGB=230,231,233 CMYK=12,9,7,0
■ RGB=135,95,70 CMYK=53,66,75,10
■ RGB=190,151,112 CMYK=32,45,58,0

本作品以自然元素贯穿始终，将休闲区形象地表现为一个花园。把树的形态抽象为遮阳伞的造型，中间的绿色沙发好像一枝新生的树芽，从土地中茁壮生长，给人一种清新和生机勃勃的视觉感受。

◻ RGB=237,230,224　CMYK=9,11,12,0
■ RGB=129,105,92　CMYK=57,61,63,6
■ RGB=160,202,112 CMYK=45,7,68,0

现代风格的设计技巧——木纹材料打造自然风

木纹材料触感温润、坚实，能够给人们带来一种返璞归真、回归自然的感觉，所以在现代风格装饰中木纹材料的应用十分广泛，例如衣柜、橱柜、茶几等。

这种现代风格的厨房以原生态实木橱柜为特色，营造了一个干净、整洁、亲近自然的厨房空间。

这是一个面包店的前台空间。它的天花板设计采用实木木板拼接而成的框架结构，既给人一种通透的空间感，还可以用来隐藏照明和通风。

这是一个过渡空间，简单的深色包边分隔出楼梯与走廊。墙面上的书架，使整个空间在极具文艺气息的同时还兼有储物功能。

配色方案

双色配色

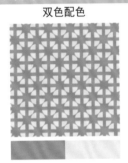

三色配色

四色配色

现代风格设计赏析

5.2 简欧风格

简欧风格就是简化的欧式风格，作为欧式风格的延伸，简化的欧式风格虽然淡化了复杂的装饰效果，但仍可以感受到历史留下的痕迹与丰富的文化底蕴。简欧风格是多以象牙白为主体颜色，以深色为辅助颜色。摒弃了繁杂与奢华，变得低调而又有内涵，干净而又清新，是现代都市人较为喜爱的装修风格。

特点：

◆　注重简单、大气，多用浅色系、同一色系来大面积装饰空间。要统一成同一个系列，风格也要统一。

◆　吸收了现代设计的优点，简化了线条装饰，简化了家具造型，优美的线条是简约欧式的特点。

◆　小空间中也适用，不再受空间大小的限制。

◆　多使用石膏线、地毯、欧式镜、水晶吊灯等元素。

◆　可以选择一些典型的欧式风格的墙纸装饰房间。

◎5.2.1 简欧风格——素雅

简欧风格就是不再使用过多复杂的装饰，以浅色为主，搭配深色家具，给人一种深沉、稳重的感觉，有着家庭特有的安全感，还可以产生一种温馨、甜蜜、舒适的感觉。

设计理念：运用吊灯作为装饰，丰富空间的视觉效果，打造出华丽、雅致的客厅空间。

色彩点评：以米色作为主色，搭配深棕色与深蓝色的沙发，给人一种温馨、柔软的感觉。

🔹 吊灯与花纹繁复华丽的吊顶相搭配，为空间增添了层次感。

🔹 柔软的布艺沙发为空间增添了柔和、恬淡的气息，使室主人可以更加愉悦、惬意。

RGB=197,185,171 CMYK=27,27,31,0
RGB=72,55,47 CMYK=69,74,77,43
RGB=72,76,87 CMYK=78,70,58,18
RGB=89,109,60 CMYK=71,51,90,11

在该极为简约的室内空间，屋顶中间的大型水晶吊灯给空间增添了奢华、高贵的气质，两个单人的皮质沙发给人一种成熟、稳重的感觉。

RGB=108,75,67 CMYK=61,72,71,22
RGB=15,16,11 CMYK=87,82,87,73
RGB=255,255,255 CMYK=0,0,0,0
RGB=197,179,155 CMYK=29,30,39,0

该空间中没有使用过多的色彩进行搭配，灰色的床与米色墙面、驼色地毯形成温柔、雅致的浅色调搭配，展现出诗意、淡雅的格调。

RGB=241,232,223 CMYK=7,10,13,0
RGB=207,206,204 CMYK=22,17,18,0
RGB=201,216,245 CMYK=25,13,0,0
RGB=123,106,99 CMYK=60,60,59,5

◎ 5.2.2　简欧风格——浪漫

简欧风格体现的是一种浪漫，主要从软装饰上来体现，如窗帘的颜色、床幔的材质、灯具的选择等，都会对风格产生影响。简欧风格的装饰可以让你体验到惬意和浪漫。

设计理念：线条简单的几何形灯具与宽阔的空间完美结合，使整个空间充满纯净、明快的气息。

色彩点评：白色作为空间主色调，更显得空间明亮、整洁，无形中增大了空间面积。

❶ 不同花卉的装饰为空间带来浪漫、清新的气息，令人赏心悦目。

❷ 开放式的厨房空间与客厅空间相连，摆放的各种花卉互相呼应，打造出雅致、梦幻、浪漫的生活空间。

■ RGB=250,239,219 CMYK=3,8,17,0
■ RGB=236,171,179 CMYK=8,43,20,0
■ RGB=142,158,209 CMYK=51,36,4,0
□ RGB=255,255,255 CMYK=0,0,0,0

本作品为一个儿童房的空间设计，简单的欧式家具，搭配浅蓝色的壁纸，给人一种恬静、淡雅的感觉。墙壁上的床幔可以独立出一个小空间，给人一种浪漫的感觉。

■ RGB=196,146,98 CMYK=29,48,64,0
■ RGB=209,224,214 CMYK=22,7,18,0
□ RGB=235,227,220 CMYK=10,12,13,0
■ RGB=149,126,155 CMYK=50,54,26,0

本作品为一个优雅唯美的客厅空间设计，采用不对称的设计方式，整个空间以浅色为基调。简化线条的浅色沙发，给空间增添了高雅、浪漫的色彩。

■ RGB=162,145,127 CMYK=44,44,49,0
■ RGB=172,175,182 CMYK=38,29,24,0
■ RGB=96,58,51 CMYK=61,78,76,34
■ RGB=6,17,31 CMYK=96,91,72,64

简欧风格的设计技巧——精美灯具的应用

　　欧式风格中的灯具以华丽、古典的造型深受人们喜爱。欧式古典的魅力，在历史的长河中慢慢沉淀积累，形成了其现在具有的独特风格。影影绰绰的灯光可以有效地烘托出空间的氛围。

这是一个烛台灯。这种灯具是欧式风格中典型的款式，使用这种灯具可以提升空间层次感，增强房屋的高贵气质。	中间的铁艺吊灯，搭配墙上的壁灯，灯光遥相辉映，给餐厅增添了光彩，有助于增加用餐者的食欲。	悬挂精美的吊灯，给房屋增添了华贵的气息，灯光营造出温馨、惬意的环境氛围，使人在餐厅就餐时可以感到无比舒适。

配色方案

双色配色　　　　　　　　三色配色　　　　　　　　四色配色

简欧风格设计赏析

5.3 简约风格

简约风格是将室内装修的色彩、照明、装饰简化到最少的程度。通常简约设计风格会以简洁的表现形式满足人们对空间的合理需求，做到空间上可以相互渗透，功能上可以相互辅助，获得以简胜繁的装饰效果。

特点：

◆ 简洁和实用是现代简约风格的基本特点，家具和日用品多采用简单的线条造型，在材料的选择上也不局限于天然材质，还可以使用金属、铁艺、塑料、新型材料等。

◆ 可通过家具、吊顶、地面材料、光线等来划分，这种划分具有灵活性、流动性。不仅重视空间的表现效果，更着重于功能性的体现。

◆ 墙面、地面、家具、五金用品等均以简单的造型、质朴的材料和精细的工艺展现出来。

◎5.3.1 简约风格——极简

极简风格就是以事物自身原始形式展示出来，追求极致的简单表现效果。这种装饰一般多使用原始的材质颜色，抛弃了多余的元素、色彩、形状和纹理，提倡以简单的几何造型为基准。在设计中还会考虑经济因素，从而达到实用目的。

设计理念：使用最简单的装饰，最简洁的线条，给人一种简约、舒适的感觉。

色彩点评：颜色淡雅而不张扬，采用冷色调为整体空间主色，给人一种冷静、沉稳的感觉。

🌑 该空间是一个由黑、白、灰三种不同明度构成的极简风格空间。

🌑 这是一个极为简单而且风格化的会客厅，上面有一个造型简单而又独特的吸顶灯，在灯光下营造出一种柔和、宁静的氛围。

RGB=224,226,239 CMYK=15,13,3,0

RGB=16,16,18 CMYK=88,84,81,71

RGB=62,70,107 CMYK=85,79,44,7

该空间是一个运动品牌服饰店，通过使用橙色拉丝不锈钢网格和灯带照明，使空间中带有的节奏感与极简主义形成鲜明对比。

RGB=201,200,198 CMYK=25,19,20,0

RGB=44,43,49 CMYK=82,78,69,49

RGB=235,99,51 CMYK=9,74,81,0

该厨房的整个空间以白色为基调，如果你不喜欢瓷砖和金属的材质，可选择清新的花卉图案或颜色柔和的壁纸，但切记壁纸需要具有很好的防污功能。

RGB=15,7,4 CMYK=87,86,88,76

RGB=255,255,255 CMYK=0,0,0,0

RGB=87,93,127 CMYK=76,67,38,1

RGB=122,97,66 CMYK=58,62,79,13

◎5.3.2 简约风格——都市

都市现代简约风格强调现代感和时尚感相结合，展现出独立自主的个性。在家具材质、线条、色彩等方面立足简约。当主人拖着疲惫的身躯回到家的时候，看见自己的家简洁明快、实用大方，会产生一种舒适安全、轻松自在的感觉。

设计理念：浴室空间在设计上强调极简的特点，空间整体结构线条简洁有力，形成较强的现代感与视觉冲击力。

颜色点评：整个空间采用黑、白、灰等无彩色进行设计，形成深沉、冷硬、质感的空间。

白色的灯光照亮空间，赋予空间一丝明亮的色彩，弱化了空间的冰冷感。

黑色、灰色的不同纯度变化，使空间更具层次感，突出极简风格的同时又不会过于单调。

RGB=10,11,13 CMYK=90,85,83,74
RGB=108,100,97 CMYK=65,61,58,7
RGB=205,201,202 CMYK=23,20,18,0
RGB=255,255,255 CMYK=0,0,0,0

客厅中的家具表面使用光滑的材质，米色客厅家具和深灰色的墙纸，表现出一种优雅而严肃的风格。客厅作为屋子的核心，给人一种时尚感。

RGB=246,246,246 CMYK=4,3,3,0
RGB=225,204,186 CMYK=15,22,26,0
RGB=39,32,35 CMYK=80,81,75,59
RGB=179,122,77 CMYK=37,59,74,0

白色的墙壁和地板在房间中占主体地位，使整个空间显得纯净、清新，挂着树枝的墙面给空间带来了丝丝生机，同时又起到绿化空间的作用。

RGB=255,255,255 CMYK=0,0,0,0
RGB=4,8,19 CMYK=94,90,78,72
RGB=82,108,135 CMYK=75,57,38,0
RGB=114,139,55 CMYK=64,39,96,1

简约风格的设计技巧——家居陈列的实用性原则

采用简约风格设计装修时，追求的是实用性和灵活性，不采用过多的装饰，以精致简约的装修效果取胜，不放过每一个细微之处。这种设计技巧可为现代人提供更加舒适的居住空间。

不浪费一点空间，把洗手间的一面墙开了个洞，做了一个内嵌式的柜子。摆放东西时整齐不突兀。

在冰箱与橱柜的空隙处，做了一个推拉式的柜子，可以摆放调料等物品，方便用户快速地找到所需的物品，并且节约空间。

在厨房空间较小的情况下，不能做U形橱柜，为了日常生活所需，在灶台对面的墙上做了个简易木柜、木架，用以摆放物品。

配色方案

双色配色	三色配色	四色配色

简约风格设计赏析

5.4 美式风格

美式风格，顾名思义就是源自美国的装饰风格，是美国生活方式演变到今日的一种风格。它有着欧洲的奢侈与贵气，又结合了美洲大陆的本土文化，不经意中成为另外一种休闲浪漫的风格。美式风格摒弃了过多的烦琐和束缚，崇尚自由、随性和浪漫。

特点：

◆　家具用料多为实木，在保留了古典家具的色泽和质感的同时，又注重适应现代生活空间，涂料装饰上往往采取做旧处理。

◆　抛弃欧式风格所追求的新奇和浮华，建立在对新古典主义认识的基础上，强调简洁、明晰的线条和优雅、得体有度的装饰。

◆　讲究空间摆设。房子是用来居住的，不是用来观赏的，要让住在里面的人感到温暖自然，这才是美式风格设计的精髓。

◆　注重壁炉与手工装饰，追求粗犷大气、天然随意性。

◎5.4.1 美式风格——复古

美式复古风格整体上有一种自然、粗犷和历史感，以实用舒适为主要需求，不会过分强调华丽的装饰。在家具的选择上通常会选择实木作为主要材料，室内的色彩常选择红褐色或黄褐色这类深沉、厚重的暖色调。

设计理念：重现历史，运用古老的家具、天然的吊顶装饰，形成统一的布局。

色彩点评：深色系搭配暖色调，使空间既显得庄重，又带有一丝暖意。

🔴 复古的深色橱柜，搭配暖色的木质吊顶，使得厨房空间既显得温馨庄重，又不会过于沉稳老气。

🔴 木质结构具有极好的稳定性，材料透气性也好。

🔴 搭配复古的吊灯装饰、暖色的灯光，也会增加用餐者的食欲。

RGB=142,121,104 CMYK=52,54,59,1
RGB=187,69,5 CMYK=34,85,100,1

窗户上半部采用拱弧形，既拉伸了空间的高度，又给室内提供了良好的采光。桌、椅、酒柜采用褐色实木材料精心雕刻而成，营造出沉稳、安静的空间气氛。

■ RGB=65,53,53 CMYK=73,75,71,42
□ RGB=250,249,253 CMYK=2,3,0,0
■ RGB=151,87,57 CMYK=47,73,84,9
■ RGB=130,73,71 CMYK=53,78,68,15

深色格子状天花板错落有致，弧形门窗的设计，抬高了空间整体高度，深蓝色的天花板给人一种悠远深长的感觉。皮质的单人沙发，则带给人们高贵舒适的享受。

■ RGB=71,105,140 CMYK=79,59,34,0
▨ RGB=206,197,183 CMYK=23,22,28,0
■ RGB=118,78,78 CMYK=59,73,64,16
■ RGB=77,49,41 CMYK=65,78,80,45
■ RGB=191,120,74 CMYK=32,61,74,0

⊙ 5.4.2　美式风格——乡村

　　美式乡村风格以舒适为主要需求，突出了生活的舒适、自由。美式乡村风格的典型特征是自然、怀旧，给人一种散发着浓郁泥土芬芳的感觉。美式乡村风格的色彩以自然色调为主，绿色、土褐色是常见颜色，家具的颜色多仿旧复古，壁炉多用石材砖块堆砌而成。

设计理念： 美式乡村风格通常简洁清爽，利用简单的线条、粗犷的轮廓与自然

裁切的石材，突出原始、纯朴的特征。

　　色彩点评： 灰色作为空间主色调，通过石材与木材的本色展现自然特色，打造出贴近自然的休闲空间。

　　① 空间中的主色为无彩色，给人一种质朴、自然的感觉，颜色对比较弱，营造出平和、温馨的空间氛围。

　　② 棕色木材的使用，既与户外的树木相映衬，带来清爽、明晰的气息，又为空间增添沉稳、大气的元素，令人更加安心。

▨	RGB=109,110,112 CMYK=65,56,52,2
▨	RGB=170,167,152 CMYK=39,32,39,0
▨	RGB=131,75,60 CMYK=52,76,78,17
▨	RGB=15,14,12 CMYK=87,83,85,74

该空间以浅绿色墙面为主体，深色地板上铺着一块以浅色为主的大面积地毯，衬托浅绿色的碎花布艺沙发，体现出清新自然的乡村风格。

RGB=175,177,151 CMYK=38,27,42,0
RGB=241,235,236 CMYK=7,9,6,0
RGB=85,51,29 CMYK=62,77,94,44
RGB=151,68,35 CMYK=45,83,100,12
RGB=211,193,169 CMYK=21,26,34,0

原始木材搭建的阁楼框架，安全结实，整个空间注重自然舒适性，保持木材原有的纹理和质感，营造出独特的乡村氛围。

RGB=178,151,98 CMYK=38,42,66,0
RGB=231,230,236 CMYK=11,10,5,0
RGB=85,50,28 CMYK=61,78,95,44

美式风格的设计技巧——布艺的舒适沙发

布艺是乡村风格中主要运用的元素，以本色的棉麻材质为主流。布艺的大然质感与乡村风格能很好地协调，给人一种自由随性、温暖舒适的心理感受。各式图案的布艺沙发因其纯朴的乡间气息而受到人们的追捧。

整个空间以亮灰色作为主色调，而蝴蝶花紫的布艺沙发使空间更加清新亮丽，让原本单调的空间多了几分欢快的色彩。

浅绿色的布艺沙发给空间增添了一种恬淡而自然清新的感觉。

麻布作为布艺沙发的常用材质，具有良好的导热性，材质紧密而不失柔和，软硬适中，比较耐磨，给人一种古朴自然的感觉，适合美式乡村风格。

配色方案

双色配色 三色配色 五色配色

美式风格设计赏析

5.5 欧式风格

　　欧式风格是欧洲各国传统文化所表达出的强烈的文化内涵，最早来源于埃及艺术，以柱式为表现形式，主要有巴洛克风格、洛可可风格、意大利风格、西班牙风格、英式风格、北欧风格等几大流派。欧式风格多数用在别墅、酒店、会所等的装饰上，体现出一种高贵和奢华大气的特点。在公寓的装饰上也可以运用欧式风格，适用于追求浪漫、优雅气质和生活品质感的人。

特点：

◆　强调以华丽的装饰、浓烈的色彩，达到华贵的装饰效果。

◆　注重对称的空间美感，在空间装饰时讲求合理、对称的比例。

◆　客厅多数运用大型吊顶灯池。

◆　多以圆弧形做门窗上半部造型，并用带花纹的石膏线勾边。

◆　空间面积大，精美的油画与雕塑工艺品是不可缺少的元素。

◎ 5.5.1 欧式风格——奢华

奢华风格体现的是一种尊贵典雅、气质，其大量采用白色、乳白色与各类金黄色、银白色有机结合，形成特有的豪华、富丽风格。房间中深沉里显露着尊贵，典雅中浸透着华丽。

设计理念：雕花吊顶与布艺沙发的结合在典雅、浪漫的格调中不失舒适，打造出雍容、富丽、古典的客厅空间。

色彩点评：大量运用无彩色，使空间更显大气、深沉，体现出主人的不凡品位。

🌀 多个水晶吊灯与雕花吊顶使客厅更显尊贵、豪华，丰富了空间的视觉效果。

🌀 木制地板与布艺沙发增强了自然气息，带来舒适、惬意的生活体验。

- RGB=241,236,232 CMYK=7,8,9,0
- RGB=111,105,107 CMYK=64,59,54,4
- RGB=100,82,58 CMYK=64,65,81,24
- RGB=148,131,121 CMYK=49,50,50,0

在大面积的空间中运用金色和红色，墙面和天花板使用金色与银色花纹作为装饰，给空间增添了豪华、富丽的格调。宽大的地毯摆放在地面，使得空间不会过于空旷，还会起到一定的保护作用。

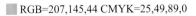

- RGB=207,145,44 CMYK=25,49,89,0
- RGB=144,25,14 CMYK=47,100,100,18
- RGB=131,95,40 CMYK=54,64,99,14
- RGB=232,225,207 CMYK=11,12,20,0

整个空间是一个金碧辉煌的会客厅，顶部有圆形花纹吊顶，墙面上有雕刻精美的花纹。而墙壁上的罗马柱起到了分割的作用，塑造出雍容华贵的空间形象。

- RGB=204,164,43 CMYK=27,38,90,0
- RGB=78,19,0 CMYK=60,93,100,54
- RGB=184,178,178 CMYK=33,29,26,0

◎ 5.5.2　欧式风格——尊贵

　　尊贵的欧式风格体现出其特有的浑厚质感，具有丰富的艺术底蕴，开放、创新的设计思想及尊贵的姿容。从简单到烦琐，从局部到整体，精雕细琢，给人留下了一丝不苟的印象。

　　设计理念： 墙面、家具与其他饰品大量运用描边镶金花纹，体现出尊贵、华丽的欧式主题。

　　色彩点评： 暖色灯光与米色墙面的搭配使整个空间充满温馨的色彩，给人带来惬意、富丽的视觉感受。

　　❶ 水晶吊灯在灯光的照射下更加璀璨夺目、光彩熠熠，给人一种晶莹剔透的感觉。

　　❷ 背景墙上的镶金花纹将墙面分割为规整的几个部分，呈现出沉稳、严谨的视觉效果。

RGB=234,207,179 CMYK=11,22,31,0
RGB=170,124,73 CMYK=42,56,78,0
RGB=189,160,91 CMYK=33,39,70,0
RGB=92,44,13 CMYK=58,83,100,44

　　本作品以白色为主色调，华丽、典雅中透着高贵，入厅口的两个罗马柱整齐地将空间分割。挑高的两层设计和墙体边缘部分的石膏线勾边，凸显出空间风格。

RGB=255,255,255　CMYK=0,0,0,0
RGB=120,63,29　CMYK=53,79,100,27
RGB=153,95,46　CMYK=46,69,93,8
RGB=24,26,25　CMYK=85,80,80,66

　　本作品的空间是一个别墅大厅，大厅中间的大门通往一楼的房间，两侧以对称的方式设计，四个笔直的罗马柱、铁艺雕刻的楼梯扶手，塑造出一种精致华贵的空间形象，给人深深的震撼感。

RGB=216,195,166 CMYK=19,25,36,0
RGB=228,205,125 CMYK=16,21,58,0
RGB=25,16,9 CMYK=82,83,89,72
RGB=71,67,55 CMYK=73,68,76,36

欧式风格的设计技巧——纱幔营造浪漫空间

　　欧式风格中的卧室设计喜欢运用床幔元素，床幔的主要功能在于分割床头空间，可以挡风、促进睡眠，还具有装饰的作用。在卧室中又独立出一个单独的空间，使得空间更加浪漫、静谧，更有利于休息。

垂帘式床幔多用于欧式风格中，主要起装饰作用。不需要床柱与横梁，将白色纱幔悬挂在床体正上方，四周散开形成浪漫空间。一般适用于圆床。	现代式床幔让人感觉清雅简洁，一般需要设置床柱与横梁，绿色给人一种清新自然的感觉，有助于睡眠。	这是一个双层式的床幔，将床头与横梁共同组合起来，黄色让人感觉到雍容华贵的韵味，颇具古典与浪漫主义气息。

配色方案

双色配色　　　　　　　　　三色配色　　　　　　　　　五色配色

欧式风格设计赏析

5.6 田园风格

　　田园风格是具有田园气息、贴近自然的小清新式的软装饰设计，常使用白色、绿色、青色、蓝色、红色等作为空间颜色。田园风格最大的特点就是亲切、实在，散发着朴实的生活气息。田园风格包括很多种，有英式田园风格、美式田园风格、中式田园风格等。英式田园风格多以奶白色、象牙白为主，配合细致的线条和高档的油漆处理，给人一种清新脱俗的感觉；美式田园风格在室内环境中力求表现悠闲、舒畅、自然的田园生活情趣；中式田园风格多以丰收的颜色为主色调，删减多余的雕刻，结合家具的舒适。它们的共同特点就是回归自然。

特点：

◆　　回归自然，不需要精雕细刻，允许有粗糙和破损。

◆　　朴实、亲切、实在，贴近自然，向往自然。

◆　　以布艺、碎花、条纹等图案为主调，鲜花和绿色的植物作为很好的点缀。

◆　　空间明快鲜明，多以软装为主，要求软装和用色统一。

⊙5.6.1 田园风格——清新

质朴高雅的清新风格，是在室内环境中力求表现悠闲舒适的田园生活情趣，追求一种清新脱俗、安逸的生活方式。清淡的色彩散发着自然、清新、温润的气息。

设计理念：以简单的手法，素雅的方式，打造温馨、明亮的客厅空间。

色彩点评：绿色是自然的代表色，具有清新淡雅的视觉效果，给人以新鲜而生机盎然的视觉印象。

🌀 新鲜的黄绿色，搭配皇室蓝色，营造出清爽宜人的环境氛围。

🌀 布艺质地柔软，给人一种舒适感，可以消除疲劳与困乏。

🌀 深色的地板与纯白色的天花板相对比，使得整个空间更充实。

RGB=146,147,55 CMYK=52,38,92,0
RGB=190,196,183 CMYK=31,19,29,0
RGB=109,150,205 CMYK=62,37,7,0
RGB=255,255,255 CMYK=0,0,0,0
RGB=100,57,29 CMYK=58,78,98,36

绿色的墙体像夏日花草繁盛的花园，嫩绿色的空间给人一种清新温馨的感觉，让人更加舒适放松。

RGB=179,191,140 CMYK=37,19,51,0
RGB=87,99,51 CMYK=71,55,95,17
RGB=211,201,165 CMYK=22,20,38,0
RGB=89,46,3 CMYK=59,80,100,44

橙色的墙面与米色沙发形成同类色搭配，打造出温馨、明媚的生活空间。生机盎然的绿植与沙发上植物图案的抱枕相映衬，使整个空间充满自然、清爽的气息。

RGB=196,155,91 CMYK=30,43,69,0
RGB=212,198,171 CMYK=21,22,34,0
RGB=80,124,1 CMYK=75,43,100,4
RGB=130,100,64 CMYK=55,62,81,11
RGB=23,10,2 CMYK=82,85,91,74

◎5.6.2 田园风格——舒适

舒适风格的家具设计更接近自然、追求自然，根据不同的软装饰陈列，在生活空间创造自己的"世外桃源"。田园风格不再是单调的绿色和原木的材料，可以使用其他颜色，材料也可以选用石膏、瓷砖、砖石、木材等。

设计理念：餐厅设计融合了北欧极简风格与田园风格的元素，使空间呈现出明亮而富含生机的视觉效果。

色彩点评：米色作为空间的主色调，在绿色与浅茶色的搭配下，营造出一种温馨、明快的空间氛围。

🌀 通透的落地窗使阳光充分进入房间，在享受美味的午餐时可以感受温暖的阳光，带来心旷神怡的感受。

🌿 绿植的装点为空间注入自然、生命的气息，给人一种愉悦、惬意的视觉感受。

- RGB=242,235,229 CMYK=7,9,10,0
- RGB=48,40,37 CMYK=76,77,78,55
- RGB=195,161,115 CMYK=30,40,57,0
- RGB=176,198,37 CMYK=41,12,93,0

餐厅的角落摆放绿色盆栽植物。在其中的一面墙上做了壁画，上面有阔叶植物、鹦鹉、树懒以及星星点点的花朵，搭配墙面上的孔雀蓝瓷砖，给人一种自然、典雅的感觉。

- RGB=132,163,119 CMYK=55,27,60,0
- RGB=62,148,166 CMYK=74,31,34,0
- RGB=254,228,132 CMYK=4,13,55,0
- RGB=200,144,83 CMYK=27,50,71,0

这是一个田园风格的客厅空间，在其中可以看一本好书或与朋友谈天说地，度过一个美好的下午。清新的绿色墙壁和田园碎花图案的椅子，营造出一种舒适、放松的空间氛围。

- RGB=140,170,109 CMYK=53,24,66,0
- RGB=196,204,119 CMYK=31,14,62,0
- RGB=190,211,229 CMYK=30,13,7,0
- RGB=204,133,17 CMYK=26,55,98,0
- RGB=155,54,4 CMYK=45,89,100,12

田园风格的设计技巧——碎花图案的妙用

对于田园风格来说，花卉图案使用较多，是人们常用的主题图案。这种图案能给人一种清新、温馨、婉约、美丽的感觉，尽显田园风情的清新格调。碎花图案也是最能表现田园风格的显著特征之一。

楼梯是建筑物中作为楼层间交通用的构件，在面积较小的每一层台阶立面贴上碎花贴纸，更加突出田园风格。

浅绿色碎花墙纸，赋予整个空间以清新的田园气息，营造出一种甜美梦幻、生机勃勃的空间氛围，既温馨又唯美。

粉色的梦幻空间，给人一种粉嫩的少女感受。碎花的沙发和花瓣形的椅子搭配，仿佛生活在美丽的童话世界中。

配色方案

双色配色	三色配色	四色配色

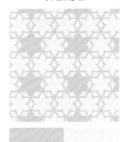

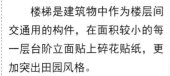

田园风格设计赏析

5.7 地中海风格

　　地中海风格因富有地中海人文风情和地域特征而得名。由于地中海地区物产丰饶，拥有长海岸线，且建筑风格多样，日照强烈等因素，从而形成了地中海风格独有的大胆、明亮、简单等特点，白色与蓝色的搭配是地中海风格最具代表性的配色方案，这种配色灵感来源于蔚蓝色的海岸与白色的沙滩。自由、自然、浪漫、休闲是地中海风格装饰的精髓。

特点：

◆　用较多的拱形构造来延伸透视感。拱门与半拱门、马蹄状的门窗在建筑中以连续或垂直交接的方式相连接，使空间呈现出延伸般的透视感。

◆　不规则线条显得更自然，无论建筑还是家具都形成独特的造型，就连墙面上不经意的涂抹也会变成一种不规则的装饰元素。

◆　空间多以木质家具、陶或石板的地面以及棉织品的沙发为主。

◆　颜色搭配上按照地域可以划分为3种：靠海岸线比较近的地方为经典的蓝白色搭配；土黄色和红褐色则是因为北非特有的沙漠、岩石等天然颜色搭配土生植物，给人一种浩瀚大地的感觉；黄、蓝、紫和绿则是富有浪漫情调的颜色组合，十分具有美感。

◎5.7.1　地中海风格——清爽

由于地中海风格室内装饰是按区域划分的。贴近海岸线居住的人们，非常喜欢用白色作为背景，用海洋蓝色作为调和色，营造一种清爽自然的环境氛围。

设计理念：天蓝色的空间运用藤编元素增添自然气息，打造出纯粹、朴素的休闲空间。

色彩点评：蓝色为空间主色调，令人联想到蓝天大海，清新、自然。

❶ 藤编灯具、吊椅与地毯由手工制成，既是安全、健康的软装饰品，又能装饰空间。

❷ 客厅的举架较高，使主人在客厅休息时不会产生压抑、紧迫感，带来通透、惬意的感受。

RGB=144,189,208 CMYK=48,17,17,0
RGB=167,136,105 CMYK=42,49,60,0
RGB=205,210,214 CMYK=23,15,13,0
RGB=7,8,13 CMYK=91,87,82,74

客厅的装饰为地中海风格，极富表现力。蓝白相互搭配，使空间色彩更加明亮、更自由奔放。墙上的草帽装饰，拱形的书架设计，都具有独特的地中海风格特点。

☐ RGB=237,240,247 CMYK=9,5,1,0
▨ RGB=190,187,169 CMYK=31,25,34,0
▨ RGB=127,194,227 CMYK=53,13,9,0
■ RGB=24,62,128 CMYK=97,86,28,0
■ RGB=116,60,18 CMYK=54,79,100,29

地中海风格家具的材料大多数是就地取材，地面的铺设、实木的橱柜、桌面凳子都使空间充满自然元素。墙面处以蓝色为主的花纹瓷砖为空间增添了亮点。

☐ RGB=250,241,248 CMYK=2,8,0,0
■ RGB=141,84,58 CMYK=50,73,82,12
▨ RGB=123,177,203 CMYK=56,22,17,0
▨ RGB=68,169,193 CMYK=70,20,25,0
■ RGB=38,80,120 CMYK=91,73,40,3

◉ 5.7.2 地中海风格——海洋

海洋元素也是地中海风格中的重要表现形式，出海捕鱼的渔船、船长手中的舵、船上的救生圈、蓝天碧海等都展现了异域风情，给人一种自然浪漫的感觉。

设计理念：客厅中的沙发与地毯等物富有地中海风格特色，使客厅空间更显简单大方，充满清新、凉爽的地中海气息。

色彩点评：白色给人一种纯净、明亮的感觉，无形中扩大了空间面积。

🌐 灰蓝色的窗框与空间中蓝色装饰品相呼应，形成统一、和谐的空间色彩搭配。

②造型别致的单人椅与鸟巢形吊灯采用木制材料制作，具有天然、纯朴的质感，可为居住者带来更加安全的生活体验。

	RGB=255,255,255 CMYK=0,0,0,0
	RGB=87,129,167 CMYK=71,46,24,0
	RGB=175,75,43 CMYK=38,82,94,3
	RGB=218,185,134 CMYK=19,31,51,0
	RGB=244,235,228 CMYK=6,9,11,0

蓝色的地毯与墙面的装饰画呈现出海浪般的视觉效果，使白色空间不再空旷、单调，而充满了自然、清爽的气息。

☐	RGB=246,242,235 CMYK=5,6,9,0
■	RGB=103,146,179 CMYK=65,37,22,0
■	RGB=195,148,83 CMYK=30,47,73,0
■	RGB=45,40,37 CMYK=78,76,78,55
■	RGB=193,181,159 CMYK=30,29,37,0

这是一间充满童趣的地中海风格的儿童房，蓝白的格子床单，与窗帘的图案相呼应。墙上的卡通轮船贴纸，给整个空间增添了天真活泼的气息。

☐	RGB=255,255,255 CMYK=0,0,0,0
■	RGB=49,53,90 CMYK=90,87,49,17
■	RGB=63,83,85 CMYK=80,64,62,19

地中海风格的设计技巧——拱形造型的设计

　　地中海风格因受拜占庭艺术影响，所以曲线造型较多。拱形门窗的设计在观赏中给人一种延伸般的透视感。在家中的非承重墙的墙面上以半穿凿或者全穿凿的方式可以塑造室内的景中窗。

这是一个拱形的客厅空间，拱形可以提高空间的高度。白色的墙面搭配天蓝色的天花板和窗帘，给人一种清新的感觉。	拱形回廊是地中海风格的一种重要表现手法之一。本作品中采用连续的拱形造型，保证了视觉的开阔。	浴室的门做成拱形，整个走廊也做成拱形通道，在视觉上给人一种通透的感觉，提升了房屋的空间层次感。

配色方案

双色配色

三色配色

四色配色

地中海风格设计赏析

5.8 中式风格

　　中式风格是以中国传统文化为背景，打造极具中国特色的居住空间。中式风格设计融合了庄重与优雅的双重气质，散发着极具吸引力的东方魅力。传统的中式建筑，例如北方的建筑，具有四梁八柱的结构特点。中式风格装修设计散发着清雅含蓄、端庄丰华的东方韵味。

　　特点：

　◆　用名家字画、挂饰画等做墙面装饰，也会摆放古玩、工艺品、盆景加以点缀。

　◆　空间讲究层次感，多用隔窗、屏风来分割空间。

　◆　装饰多以木质为主，大多是以窗花、博古架、中式花格、顶棚梁柱等为装饰品。造型讲究对称性，雕刻绘画，造型典雅。

　◆　色彩多以沉稳为主，表现出中式传统家居的内涵。

　◆　门窗是中式风格很重要的装饰元素，它们用棂子做传统图案，极具立体感。

⊙5.8.1　中式风格——传统

传统的中式风格是从古代逐步演变而来的，它具有质朴、内敛的特性。传统中式风格非常讲究空间的层次感，在划分空间的情况下采用屏风或窗棂来分割。传统中式风格的色彩表现出沉稳的特性，可以通过灯光的照明来提升温感。传统的中式风格主要表现出了历史的年代感与厚重感，讲究四平八稳的对称式的东方雅韵。

设计理念：本作品的装修讲究空间的层次感，注重空间的细节，展现出深沉的内涵与古雅韵味。

色彩点评：居室设计崇尚自然，具有十足的古朴自然格调。

🌀 空间采用对称式的布局，造型朴实优美，把整个空间格调塑造得更加高雅。

🌀 青花瓷的装饰盘和暗黄色的梅花背景墙装饰，更能凸显出东方文化的迷人魅力。

🌀 天花板采用内嵌式的方形造型，展现出槽灯轻盈感的魅力。

- RGB=235,229,226　CMYK=10,11,10,0
- RGB=203,161,114　CMYK=26,41,58,0
- RGB=75,28,24　CMYK=61,89,89,54
- RGB=13,12,8　CMYK=88,84,88,75

本作品能够表现出传统中式风格的特点，红木家具展现出古典、雍容的气韵，具有高雅、富丽、大气的品位。

- RGB=71,50,40 CMYK=68,76,81,47
- RGB=22,10,10 CMYK=84,86,85,74
- RGB=202,190,156 CMYK=26,25,41,0
- RGB=209,199,190 CMYK=22,22,24,0

该作品应用暗红色的中式经典手法，把空间塑造得更有古韵，营造出雅致、舒缓的休息环境。

- RGB=86,18,7　CMYK=57,96,100,50
- RGB=187,85,37　CMYK=34,78,97,1
- RGB=255,194,169　CMYK=0,34,31,0

◉ 5.8.2 中式风格——新中式

新中式风格是指将中国传统元素运用到现代人的生活中的一种装饰风格。传统元素结合现代时尚元素，让古典元素更加简练、大气。结合现代元素的中式风格既有传统文化韵味，又有现代生活的简洁特点。

设计理念： 运用中式家具经典的屏风元素，起到分割空间的作用。

色彩点评： 红和黑的搭配颇为经典，让人感觉就像理性与感性的完美融合，凸显出空间的尊贵高雅。

① 采用屏风来进行卫生间的干湿分离，设计中充分运用了中国文化元素。

② 黑色几何造型，沿着地面与天花板进行延伸，使整个空间的东方韵味更加浓厚。

③ 白色灯笼吊灯和简约的洗手台设置，给空间增添了一丝现代简约的气息。

RGB=199,21,45 CMYK=28,100,87,0
RGB=0,0,0 CMYK=93,88,89,80
RGB=249,158,87 CMYK=2,50,66,0
RGB=255,255,255 CMYK=0,0,0,0

本作品是新中式风格的餐厅设计。深色檀木桌椅与背景墙中的莲花浮雕展现出悠然、随性的禅意，可以陶冶情操、放松心情。

■ RGB=130,134,139 CMYK=56,45,40,0
■ RGB=94,72,66 CMYK=65,71,70,26
■ RGB=27,21,24 CMYK=84,84,78,67
■ RGB=201,201,201 CMYK=25,19,18,0
■ RGB=175,56,71 CMYK=39,91,69,2

本作品是新中式风格的卧室空间设计。采用古典屏风与花鸟彩绘背景墙搭配，赋予空间典雅、古朴的韵味。丝绸质地的床品触手温润、柔软，美观性与实用性兼具。

■ RGB=194,191,193 CMYK=28,24,20,0
■ RGB=63,40,35 CMYK=69,79,80,53
■ RGB=142,155,182 CMYK=51,36,20,0
■ RGB=209,197,171 CMYK=22,23,34,0
■ RGB=124,91,80 CMYK=57,67,67,12

中式风格的设计技巧——软装饰元素

在居室空间进行中式风格装饰时，应将传统与现代的文化进行有机结合，用装饰语言和符号突出现代人的审美观念。

该空间将现代的简约与传统的古朴相结合，既展现出古典的历史感，又散发出现代特色色彩，将传统文化与现代时尚完美融于一体。

整个空间在红色墙纸的映衬下，变得宽敞大气。传统的中式花纹，象征着团团圆圆、和和美美。

整个空间采用深色系为主背景，加上柔和的灯光，给人一种宁静的感觉。吧台的上面为拱形造型，后面摆放东西的架子，给人一种历史的沧桑感。

配色方案

双色配色

三色配色

四色配色

中式风格设计赏析

5.9 混搭风格

混搭风格是将古今文化内涵完美地结合于一体，充分利用空间各式材料，多种元素共存，各种风格兼容的一种装饰风格。选取不同的方面，巧妙地把它们从视觉、触觉等方面完美地融合在一起，互相影响并烘托主题。"混搭"不是百搭，更不是生拉硬配，而是和谐统一、百花齐放、相得益彰、杂而不乱。

特点：

◆ 风格一致，形态、色彩、质感各异。

◆ 色彩不一，形态相似的家具。

◆ 比较繁杂，家居配饰样式较多。

◎5.9.1 混搭风格——简约

各种混搭风格中以简约为主要风格。它是一个不断发展和互相融合的整体，可以使室内的各种风格不再孤立单一，反而相互完善，从而诠释出特有的神韵，展现出独特的魅力与创造性。

设计理念：利用独具风格的装饰品装饰空间。

色彩点评：以白色作为底色，凸显出空间的明亮大方，再以蓝色作为点缀色，给人一种眼前一亮的感觉。

🌀 使用造型简单、颜色清淡的柜子，营造出一个干净、整洁、简约的生活空间。

🌀 青花瓷盘则作为背景墙装饰，凸显出东方文化的迷人魅力。

🌀 简约风格与中式风格融合在一起，既有古典韵味又有现代简约的气息。

RGB=207,205,193 CMYK=23,18,24,0
RGB=232,230,231 CMYK=11,10,8,0
RGB=67,87,124 CMYK=82,69,39,2

清淡素雅的空间中，窗下摆放着两张法式木椅和略有复古感的白色桌子，使人感受到一种法式浪漫的氛围。玻璃茶几和布艺沙发搭配则多了一丝现代感，别有一番风味。

开放式的空间利用家具间的距离自然分隔，用餐空间与客厅形成两种不同的装饰风格，玻璃、木头与棉麻等不同材料的使用打造出时尚、自然、随性的生活空间。

RGB=210,211,208 CMYK=21,15,17,0
RGB=81,62,59 CMYK=69,73,71,34
RGB=54,66,66 CMYK=81,69,68,33

RGB=216,208,206 CMYK=18,18,16,0
RGB=164,94,43 CMYK=43,71,94,5
RGB=255,239,205 CMYK=1,9,24,0
RGB=57,40,30 CMYK=71,77,85,55
RGB=55,70,99 CMYK=86,76,49,12
RGB=139,117,104 CMYK=54,56,58,1

◎ 5.9.2 混搭风格——新锐

　　新锐风格的家居设计具有合理的功能布局且让人感受到舒适优美，更能满足人们在物质与精神生活上的双重需求，从中不仅可以寻觅到"疏朗简朴"的影子，还赋予空间无限的生命力。

　　设计理念：采用木质结构搭建，设计时充分地利用空间摆放物品，灯具造型简单独特。

　　色彩点评：房间设计崇尚使用原始木质，使房间更加自然朴实。

　　① 简约造型的书架，充分利用空间，从而划分出来一个阅读区域。

　　② 楼梯下方的空间设计成镂空状，可以做成储物空间。楼梯上面的平台也可以设置成软榻。

　　③ 木质材质的原木色带给人一种安静、休闲的感觉。

RGB=165,98,71 CMYK=43,70,75,3
RGB=235,236,231 CMYK=10,7,10,0
RGB=175,176,196 CMYK=37,30,15,0

　　工业风与现代风的碰撞使空间既具有理性、严谨的特点，又展现出鲜明的自然气息，给人一种个性、舒适的视觉感受。

RGB=221,212,203 CMYK=16,17,19,0
RGB=103,77,42 CMYK=61,67,93,27
RGB=175,174,169 CMYK=37,29,31,0
RGB=12,9,2 CMYK=88,84,91,76
RGB=254,161,32 CMYK=0,48,86,0

　　整体风格为现代风格，在颜色的运用上采用了地中海风格的蓝白搭配方式。背景墙的简单造型好像海洋的波浪，墙上的蓝色边框壁画则对称摆放，绿植的摆放也给空间增添了自然气息。

RGB=255,255,255 CMYK=0,0,0,0
RGB=54,68,103 CMYK=87,79,6,10
RGB=132,155,189 CMYK=55,37,16,0
RGB=180,161,131 CMYK=36,37,49,0
RGB=119,150,72 CMYK=61,33,86,0

混搭风格的设计技巧——空间的巧妙融合

　　"混搭"不只是把各种风格融为一体，而是要选定一个主要的风格。主次分明才能更好地把整体空间变得更时尚更华丽，但切记混搭不是乱搭。

在阳台的空间设置一个工作区域，地面黑白色搭配好像钢琴的琴键，给人一种轻快的感觉。悬挂的创意花盆，则使空间更清新、自然。	充满田园风格的碎花壁纸，给人一种清新、自然的感觉。搭配的单人休闲沙发，不仅不突兀，反而使空间多了一丝现代休闲气息。	这是一个LOFT风格的空间，利用楼梯墙面的空间，打造成一个三层高的墙体书架，充分地利用了空间，也给居室增添了一丝文艺气息。

配色方案

双色配色	三色配色	四色配色

混搭风格设计赏析

5.10 设计实战：为同一空间尝试不同的风格

客厅是连接内外和沟通主客情感的主要场所，是看电视、听音乐、家庭聚会的活动中心，具有较高的利用率。所以，客厅所占面积应该大一些。客厅的装饰设计往往会在某种程度上显示出主人的性格喜好、内涵品位、文化素养，可见客厅风格设计的重要性。

在空间整体框架不变的情况下，有多种风格可供选择。当前最流行的风格包括欧式风格、古典风格、地中海风格、现代风格、混搭风格等。

空间特点：

图示为客厅的基本结构，客厅面积为 $30m^2$，其中一侧墙面有两个窗户，客厅没有过多的复杂结构，空间利用率高。

把握风格：

不能确定自己喜欢的风格，或者是哪种风格更适合自己，可以尝试在同一个空间放置不同风格的家具，以便选择装修风格。

◆ 确定空间结构。首先要考虑整个空间的框架设计，比如空间的线条特点、划分特点等。

◆ 选择适合该风格的颜色搭配。比如在现代简约风格中选择浅色系为主色调。

◆ 选择具有代表性的墙面、地面材质。比如田园风格向往自然，所以应选用实木、植物等具有自然元素的材料。

◆ 选择风格明显的家具和配饰。比如欧式风格常在客厅中悬挂水晶灯，墙面多用石膏线勾边。

精尚干练的简约风格客厅

设计师推荐色彩搭配：

分　析

- 本作品是现代简约风格的客厅设计，不需要过多的装饰就能体现其丰富的内涵。
- 整个空间以浅色系为主色调，黄色为点缀色，给人眼前一亮的感觉，使空间更显得格外俏皮可爱。
- 薄纱质感的大窗帘，既可以阻挡阳光的直射，也给空间增添了清新、飘逸的感觉。
- 造型简单的落地灯与台灯，可以满足人们在不同情况下的需要，为主人看电视、读书，提供较为合适的光源。

浓郁的古典风格客厅

设计师推荐色彩搭配：

分　析

- 本作品为欧式古典风格的客厅设计，从整体到布局都充满浓郁的厚重感。不仅能够体现出室内所呈现的文化底蕴，又能凸显出居室主人的尊贵身份。
- 使用对称的手法进行家具搭配，令空间更具整体性，让人在居室生活中体会到舒适的温馨感。
- 空间整体使用浅棕色的基调装饰客厅，给人一种沉稳、厚重的感觉，也让居住者在生活中体验到岁月遗留下来的年代感。

清新的地中海风格客厅

设计师推荐色彩搭配：

分　析

- 本作品是地中海风格的客厅设计，不仅给居住者提供了海风的清凉感，又能让夏日烦躁的心情增添一丝清爽。
- 高饱和度的蓝色为空间释放出微妙的海洋味道，使空间展现出浓烈的地域风情。
- 本作品中采用木质家具、棉织品的沙发，呈现出一种自然的效果。马赛克图案的吊灯，极具地中海风格的特点，使得空间别具风情。

时尚的前卫风格客厅

设计师推荐色彩搭配：

分　析

- 本作品空间使用时尚前卫的装饰手法，把空间展现得既简练又不失时尚感，可见主人的精心设计。
- 想让你的家居生活也变得一样具有前卫时尚感，就要在统一共性的前提下进行大胆的尝试，造型独特多彩的沙发与亮丽的壁纸给空间增加了色彩，体现出青春靓丽的时尚感。
- 简单铁艺造型的台灯、茶几，减少了空间的占用面积，增强了室内视觉的通透性。
- 浅色的窗帘与地毯，使得活泼空间中带有一丝淡雅。

清新自然的田园风格客厅

设计师推荐色彩搭配：

分　析

- 本作品是田园风格的客厅设计，田园风格朴实、亲切、自然，以贴近自然为主。
- 整个空间非常清新，而色彩以浅色系为主色，碎花的墙纸、粉色的布艺沙发、浅绿色的窗帘，互相呼应，给人一种清新自然的感觉。
- 实木家具的隽永质感，颇有融入自然的氛围。客厅中放置的花卉架子，令空间更加富有生机。

传统的中式风格客厅

设计师推荐色彩搭配：

分　析

- 本作品属于中式风格的客厅设计，把传统结构形式通过民族特点标志符号表现出来，体现出传统文化的审美意蕴。
- 色彩多以沉稳的红棕色为主，表现古典家具的内涵，体现了空间的层次感，展现出空间的庄重、厚重的成熟感。
- 空间采用对称式的布局，造型朴实、优美，把整个空间格调塑造得更加高雅。

第 6 章 软装饰设计的视觉印象

华丽 \ 可爱 \ 复古 \ 自然 \ 时尚 \ 青春 \ 庄严 \ 传统 \ 现代

不同于软装饰设计风格，软装饰设计的视觉印象是通过软装饰的颜色、摆放的位置，在视觉上让人产生生理、心理和类似物理的效应，从而形成丰富的联想、深刻的寓意和象征。对于室内装修来说，可以分为华丽、可爱、复古、自然、时尚等视觉效果。

◆ 宽敞的空间中富丽堂皇的装饰、线条复杂的家具、晶莹剔透的水晶灯等，都会给人一种华丽、典雅的感觉。

◆ 粉色系会使人产生一种可爱、温馨的感觉。多用于女孩房间的装饰或是婴儿房的装饰，给人一种暖暖的温馨感。

◆ 自然风格体现的是一种舒适、简朴，多采用清新的颜色作为主色调，在房屋中摆放绿植，能起到减缓压力、放松心情的作用。

◆ 时尚的室内风格会使人产生一种焕然一新的感觉，具有强烈的时尚感，更受现代年轻人的青睐。

6.1 华丽

华丽的室内装修强调以华贵的装饰、浓烈的色彩来装饰空间，以获得一种富丽堂皇的空间视觉效果。这种装饰从局部到整体多采用精益求精的雕刻，给人一丝不苟的印象，凸显整个房屋高贵、典雅的气质，使空间更加宽敞大气。

特点：

◆ 多采用造型奢华的水晶灯作为吊灯装饰，给人一种明亮通透的感觉。

◆ 大面积的空间中，精美的油画与雕塑工艺品是不可或缺的元素。

◆ 颜色上多采用乳白色、白色与各类金黄色、银白色相结合，形成特有的豪华、富丽的风格。

◆ 大量使用石膏、镀金来装饰空间，从而呈现出气势磅礴的景象。

◎6.1.1 华丽——典雅

在宽敞的空间中，以简约的线条代替复杂的石膏线，整体采用较为明亮的乳白色，既保留了华丽感，又给人一种典雅的感觉。

设计理念：三角形的空间构造拉长了卧室空间的纵深感，使空间更加宽广。

色彩点评：以米色作为空间主色调，以其他中纯度色彩作为辅助色，给人一种温柔、安静、温馨的感觉。

🌑 拉开的窗帘在视觉上与空间构架形成平行构造，增强了空间的透视延伸感。

🌑 米色与中纯度色彩的搭配使整个空间的色彩冲击力不强，形成平和、安静的空间视觉效果。

RGB=200,188,173 CMYK=26,26,31,0
RGB=99,88,78 CMYK=66,64,67,17
RGB=210,186,170 CMYK=22,29,31,0
RGB=137,104,82 CMYK=53,62,69,6

本作品为走廊过渡空间的设计，两边竖立的罗马柱，欧式花纹的扶手挡板，还有弧形的吊灯，上面都有雕刻精美的花纹。反光的玻璃地砖设计为整个走廊设计增添了别样的华贵感觉。

RGB=224,196,146 CMYK=16,26,46,0
RGB=213,201,173 CMYK=21,21,34,0
RGB=87,60,39 CMYK=63,73,88,39
RGB=120,85,57 CMYK=56,67,82,19

本作品为美式风格的客厅设计，整体采用花色的罗马帘作为窗帘，给人一种高贵、优雅的感觉，隐藏在天花板的灯带和水晶灯装饰中，形成华丽的空间视觉效果。

RGB=223,217,202 CMYK=16,15,22,0
RGB=124,98,73 CMYK=57,62,74,11
RGB=176,145,113 CMYK=38,46,56,0
RGB=13,0,13 CMYK=89,92,79,74

◎6.1.2 华丽——奢华

该空间装饰较为豪华，厚重中带着大气，有种磅礴的气势，具有一定的文化底蕴。本设计作品大气磅礴，光彩夺目，与生俱来的高贵和奢华感让人无法忘怀。

设计理念：悬挂的水晶吊灯与繁复华丽的花纹将欧洲古典的艺术氛围渲染得淋

漓尽致，打造出富丽、华贵的大厅空间。

色彩点评：棕色系的空间色彩与水晶灯、织物装饰搭配，呈现出典雅、大气的空间视觉效果。

🔵 棕色占据大面积空间，营造出深沉、古典、大气的空间氛围，表现出室主人的品位。

🔵 多个吊灯的设置，既满足了空间的照明，又利用水晶元素的晶莹通透质感增强了空间的视觉吸引力。

RGB=183,149,112 CMYK=35,45,58,0
RGB=223,188,106 CMYK=18,29,64,0
RGB=111,114,107 CMYK=64,54,57,3
RGB=104,73,53 CMYK=60,70,81,27

本作品中一楼大堂在灯光的照射下呈现出富丽堂皇的视觉效果，对称式的设计方式，搭配橘红色的楼梯扶手。复式的楼层设计中，一楼在视觉上给人一种延伸感。

RGB=241,188,142 CMYK=7,34,45,0
RGB=211,117,40 CMYK=22,64,89,0
RGB=230,205,191 CMYK=12,23,23,0
RGB=125,93,72 CMYK=56,65,73,13
RGB=71,81,102 CMYK=80,70,51,10

本作品采用对称式的设计手法，墙面上多使用复杂的线条和华丽高贵的罗马帘，大厅中央悬挂的大型水晶吊灯，使整个空间显得更加金碧辉煌。

RGB=227,214,198 CMYK=14,17,23,0
RGB=149,110,45 CMYK=49,60,96,6
RGB=143,77,65 CMYK=49,77,75,12
RGB=24,19,23 CMYK=85,84,78,68

华丽视觉印象的设计技巧——吊灯照明

吊灯是一个空间中闪亮的中心。通常来说，吊灯不宜吊得太低，以防止遮挡人们的视线。大型的水晶灯悬挂在房屋中央，会给人一种奢华、高贵的感觉。水晶灯可应用于多种风格的空间中，如欧式风格、美式风格、新古典风格、混搭风格等。

本作品为美式风格的卧室空间设计，格子状的天花板和吊灯错落有致，搭配蕾丝的床上用品，营造出一种高贵、典雅的氛围。

天花板吊顶的中央悬挂一个水晶灯，与壁炉两旁摆放的灯具遥相呼应。围绕着茶几，摆放着4个单人沙发，便于人们沟通交流。

宽敞的空间中悬挂着独具特色的大型吊灯，周围的壁灯起到了辅助作用。增强了楼房的层次感和纵深感。

配色方案

双色配色　　　　　三色配色　　　　　四色配色

华丽视觉印象设计赏析

6.2 可爱

可爱的室内装修风格具有浪漫唯美的视觉效果，能给人留下梦幻般的视觉印象，通常以暖色为基调。它给人一种轻快活泼的视觉感受，可使人产生一种浪漫主义情怀，使家庭生活更加温馨。甜美的颜色具有糖果般的甜蜜感，符合女性和儿童的需求。

特点：

◆ 多采用粉色系，使空间获得一种时尚和甜美的效果，体现少女般的梦幻浪漫情怀。

◆ 儿童房中摆放的玩偶，也可增强空间的童趣感。

◎6.2.1　可爱——娇俏

粉嘟嘟的颜色常能使人产生一种可爱的感觉，并能为女孩子居住的空间营造出一种甜蜜、浪漫、梦幻的环境氛围。每个女孩心里都有一个公主梦，因而在房屋的软装饰设计中可以多使用粉色及其相邻色。

设计理念：使用带床幔的欧式床，可分隔出独立、私密的睡眠空间。

色彩点评：大面积地使用粉色，营造出可爱、甜蜜的空间氛围。

🌀 精美的床幔从架子上垂直落在地面上，给空间增添了飘逸灵动的感觉。

🌀 粉色的软装饰，在视觉上带给人们一种可爱、俏皮的观感。

🌀 地面上铺着厚厚的白色地毯，人们可以靠着抱枕围绕在软桌周围聊天谈心。

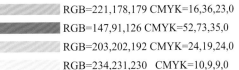

RGB=221,178,179 CMYK=16,36,23,0
RGB=147,91,126 CMYK=52,73,35,0
RGB=203,202,192 CMYK=24,19,24,0
RGB=234,231,230　CMYK=10,9,9,0

本作品是一个婴儿房的空间设计，整体以粉橘色作为主色调，给人一种可爱、粉嫩的感觉。地面上厚厚的白色地毯，可以保护孩子不受到伤害。

RGB=238,181,140 CMYK=8,37,45,0
RGB=226,165,157 CMYK=14,44,32,0
RGB=248,244,235 CMYK=4,5,9,0
RGB=186,121,83 CMYK=34,60,69,0

本作品是一个女孩房的卧室空间设计，以淡黄色作为主色，粉色作为辅助色，给人一种温馨、可爱的感觉。灯饰位于天花板上花朵的中心位置，照亮了整个卧室空间，墙角细节位置也有花纹的点缀。

RGB=229,222,177 CMYK=14,12,36,0
RGB=222,139,162 CMYK=16,57,21,0
RGB=157,189,188 CMYK=44,18,27,0

143

◎6.2.2 可爱——童稚

浅色系的空间装饰，加上简单花纹的墙贴、独特造型的灯饰、可爱的动物玩偶，都能给人一种素雅、通透干净的感觉。孩子生活在这样的环境中，有助于其自身健康成长，也给孩子一种积极向上的心理暗示。

设计理念：婴儿房的设计，没有过多复杂的装饰，保证了孩子的安全。

色彩点评：大面积使用白色和浅蓝色，使画面呈现出一种安静、充满趣味的视觉效果。

🌙 充满乐趣的灯饰装饰中，有月亮的造型，给人一种梦幻般的感觉。

⭐ 星空图案的墙纸，与房间中的婴儿床、沙发、窗帘等软装饰相互呼应，空间的布局风格相一致。

☁ 浅蓝色营造出一种安静、清新的环境氛围。

RGB=215,222,240 CMYK=18,11,0,0
RGB=241,240,241 CMYK=7,6,5,0
RGB=191,189,182 CMYK=30,24,27,0
RGB=122,94,83 CMYK=58,65,65,11

本作品为一个儿童房的空间设计，空间犹如一个八边形的立体盒子，简单的家具布置，搭配浅蓝色天空的壁纸，给人一种清澈湛蓝的感觉，整个空间充满了童趣。

本作品为一个唯美的、充满乐趣的儿童房设计，墙面由浅橙色与橙黄色分割为上下两个部分，搭配简单的树枝贴纸、可爱的卡通挂画，还有地面上的长颈鹿玩偶，都使空间充满了趣味，可爱的氛围充满整个空间。

RGB=150,180,212 CMYK=44,25,10,0
RGB=244,243,241 CMYK=6,5,6,0
RGB= 205,197,186 CMYK=24,22,26,0
RGB=185,199,124 CMYK=35,15,60,0
RGB=178,58,103 CMYK=39,89,44,0

RGB=232,203,179 CMYK=11,24,30,0
RGB=242,170,55 CMYK=7,42,82,0
RGB= 211,211,108 CMYK=25,13,66,0
RGB=83,50,29 CMYK=62,77,93,45
RGB=255,69,41 CMYK=13,86,86,0

可爱视觉印象的设计技巧——卡通图案的运用

在人们的第一印象中，卡通图案通常会给人一种可爱的感觉。所以，家中摆放的玩偶、墙纸上的图案、家中床上用品的卡通花纹，这些元素都会给空间增添可爱的气息。同时，也会令整个空间更生动活泼。

该儿童房以白色为主色，使整个空间呈现出明亮、干净的视觉效果。木制的婴儿床与柔软的彩色地毯，以及多个可爱的木制动物玩具使空间充满童趣与俏皮感，为孩子营造出一个清新、可爱的生活空间。

简单纯白的空间，挂上一个简单的小牛图案的浴帘，给空间增添了一丝活泼、可爱的气息。

调皮的小猴子在树枝间跳来跳去，墙面上的壁画也延伸为绿色的树林，随着人们的走动，门帘晃动起来，整个空间显得生动、有趣。

配色方案

双色配色

三色配色

五色配色

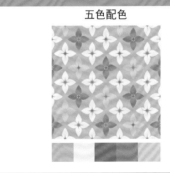

可爱视觉印象设计赏析

6.3 复古

复古风格是通过采用一些复古元素，结合现代设计理念，创造出具有历史感而又不失现代美感的室内环境。本节主要介绍了欧美的复古风，在设计上追求空间的层次感和家具的线条感，塑造出欧美风格本身的华丽、高贵、典雅。

特点：

◆ 将怀旧的浪漫情怀与现代人的生活需求相结合，既华贵典雅又有时尚品位。

◆ 在颜色使用、风格塑造等方面保留了传统的历史痕迹和文化内涵。

◆ 简化了纷繁复杂的装饰，使用简单的石膏线勾勒框架，符合现代人的审美观念。

◎6.3.1 复古——清雅

为了使空间更加明亮通透，就不能大面积地使用暗黄色、暗红色等。用复古的元素去点缀空间，主要体现在对仿古工艺品和仿古材料的运用上。

设计理念：复古的矮柜与干花装饰品、陶瓷艺术品有序地排列，打造出古典、优雅的室内空间。

色彩点评：褐色矮柜在以白色为基调的客厅空间中较为突出，增添了自然、典雅的气息。

🔵 复古的柜子与现代沙发、灯饰搭配，塑造出个性、时尚的风格，使室内软装更具看点。

🔵 空间整体装饰色彩较为柔和、素雅，因此低明度的褐色矮柜成为空间中的视觉焦点，影响了整个空间的风格。

RGB=217,217,217 CMYK=18,13,13,0
RGB=105,48,20 CMYK=55,84,100,37
RGB=26,18,15 CMYK=82,83,85,71
RGB=114,142,143 CMYK=62,39,42,0

本作品是一个别墅入口的设计，拱形门窗的设计带来通透、复古的视觉效果，天花板上的吊灯与地毯上以及柜身的繁复花纹相搭配，打造出富丽、古典、奢华的生活空间。

RGB=221,203,191 CMYK=16,22,24,0
RGB=96,47,6 CMYK=57,82,100,41
RGB=165,98,46 CMYK=42,69,93,4

本作品是一个卧室空间的设计，通过墙面的雕刻和花纹增加了空间的层次感。复古的架子床，给整个空间增添了历史的年代感。

RGB=239,230,220 CMYK=8,11,14,0
RGB=233,207,182 CMYK=11,22,29,0
RGB=135,88,63 CMYK=52,69,78,13
RGB=182,176,164 CMYK=34,29,34,0

◎6.3.2 复古——古典

复古风格的特点主要是体现在色彩上。整个空间用复古的壁纸装饰，可以利用家具棱角分明的线条突出复古风格的层次和造型。

设计理念：设计上强调简洁，采用古典图案的壁纸，给人一种复古的感觉。

颜色点评：整个空间采用深绿色的壁纸花纹，给人一种沉稳的感觉。

❶ 高挑的空间设计，搭配复古斑驳的花纹壁纸，凸显了古典的气息。

❷ 地面铺设圆形环绕的木地板，与圆形的空间极为匹配。

❸ 空间颜色较为统一，没有过于冲突的色彩对比，使得空间显得更柔和、温馨。

RGB=136,120,96 CMYK=55,53,64,2
RGB=174,133,73 CMYK=40,52,78,0
RGB=212,168,111 CMYK=22,39,60,0
RGB=186,118,97 CMYK=34,62,60,0

该空间采用深色系装修，墙上的装饰画给空间增添了文艺色彩，增加了空间的尊贵感。石纹的天花板装饰、暗黄色的灯光照射都给一种神秘、典雅的感觉。

RGB=125,90,27 CMYK=55,65,100,17
RGB=165,125,44 CMYK=44,54,96,1
RGB=226,212,175 CMYK=15,17,35,0
RGB=44,16,4 CMYK=72,87,95,68

本作品是一个浴室空间的设计，整体采用对称式的设计手法，在中间墙面上运用了马赛克的瓷砖，给人一种高贵、神秘、时尚的视觉感受。

RGB=202,188,142 CMYK=27,26,48,0
RGB=197,197,202 CMYK=27,21,17,0
RGB=68,63,34 CMYK=72,67,95,42
RGB=25,18,0 CMYK=82,80,95,71

复古视觉印象的设计技巧——颜色的运用

复古一般可以体现出一种庄重感与威严感，大方且极具气质的设计同样会给人带来一种威严感。一般复古风格多采用深色系，例如灰色、暗红色、咖啡色、乳白色等。

本作品是一个餐厅的设计，咖啡色的地板与餐桌相互呼应，给人一种沉稳、大气的感觉。木质柜门上镜子的反射使空间更加宽敞。

大面积地使用乳白色，体现了该空间的宽敞明亮，咖啡色的楼梯扶手，地面上瓷砖的花纹，虽然空间装饰简单，但仍呈现出高贵、典雅的韵味。

棕色的书房空间设计，给人一种深沉、庄重的感觉。加上造型独特的螺旋状楼梯的设计，连接着上下空间，起到了点睛的作用。

配色方案

双色配色

三色配色

四色配色

复古视觉印象设计赏析

6.4 自然

　　对于经济社会高速发展的今天，人们越来越提倡"慢"生活，崇尚回归自然。当然我们也可以从房屋的装修着手，结合自然的元素改变我们的生活环境，使自己的身心得到放松。这种装修方式在材料的运用上多使用木材、石材、编织物等天然材料，呈现出一种质朴的自然风格。

特点：

◆　朴实、亲切，贴近自然，向往自然。

◆　多使用实木与石头元素对空间进行装饰，保持木材和石质原有的纹理和质感，营造自然、简朴的环境氛围。

◆　各种花卉、绿植的摆放装饰使空间带有浓烈的大自然的韵味。

◆　多用绿色盆栽做装饰，抱枕、沙发等多采用布艺材料，以碎花、条纹图案等为主调。

◆　家具摆放自由随意，简约复古，舒适实用。

◉6.4.1 自然——质朴

这种装饰多运用原始的材料，没有过多艳丽的色彩，给人一种质朴的自然风格。当你看到充满纹路的不规则墙面时，可以感受到质朴风情。

设计理念：该空间采用原始的石砖装饰壁炉，海洋元素与布艺沙发的搭配，更显质朴天然的自然意蕴。

色彩点评：空间整体以材料的本质颜色为主体，搭配素色家具，表现出自然、舒适的生活方式。

🔘 壁炉两旁对称的白色柜子，给房间增添了储物空间。

🔘 壁炉上的白色鸭子和船舵装饰品，是地中海风格中比较常见的元素。

🔘 棉麻材质的布艺沙发，营造出淳朴自然的空间氛围。

- RGB=121,103,96 CMYK=60,61,60,6
- RGB=223,219,210 CMYK=15,13,18,0
- RGB=14,9,18 CMYK= 90,89,79,72
- RGB=119,80,40 CMYK=56,69,96,22

这是一个 U 形厨房空间。墙面采用石块整齐堆砌而成，门的造型为拱形设计，墙上钟表的外形仿造舵盘形状。深色木质橱柜和花岗岩台面，给人一种简单、质朴的感觉。

- RGB=193,103,44 CMYK=31,69,91,0
- RGB=86,40,7 CMYK=59,83,100,47

本作品是自然风格的卧室空间设计，原始岩石的前面与木制地板打造出纯粹、自然的空间环境，灰色作为空间主色调，更显朴实、宁静。

- RGB=204,206,211 CMYK=24,17,14,0
- RGB=132,116,107 CMYK=56,56,56,1
- RGB=32,29,33 CMYK=84,82,75,61

◎6.4.2 自然——清新

要打造自然清新的生活空间，植物、花草、碎花图案等是必不可少的元素。这种空间多以白色为主，用绿色或黄色加以点缀。碎花、藤编织物、素雅的花卉都散发着自然、清新的生活气息。

设计理念：整个空间的木质装饰，清晰的木纹纹理，凸显了自然风格。

色彩点评：纯木的颜色给人一种明亮的视觉观感，使房屋更加自然清新。

🌿 空间中的颜色都为浅色系，颜色对比弱，给人一种舒适安逸的感觉。

🌿 对称式的空间设计，给人一种整洁的视觉感，搭配天蓝色的窗帘、沙发，茶几上的花艺，使整个空间焕发出勃勃生机。

🌿 在本作品的空间中，使用了造型简单的铁艺吊灯，它没有过多的装饰，给人一种简单自然的感觉。

RGB=227,214,197 CMYK=14,17,23,0
RGB=202,216,217 CMYK=25,11,15,0
RGB=142,100,52 CMYK=51,64,90,9
RGB=23,17,21 CMYK=85,85,79,70

该空间以浅黄色墙面为主体，搭配绿色碎花的布艺沙发和墙角的绿植，使得空间展现出清新自然的氛围。整个空间简单、干净，给人提供了一个休息放松的区域。

■ RGB=254,214,121 CMYK=3,21,58,0
■ RGB=175,168,29 CMYK=41,31,97,0
■ RGB=97,44,3 CMYK=56,83,100,42
■ RGB=201,140,52 CMYK=27,51,87,0

该空间注重自然舒适性，碎花的布艺沙发给人一种清新自然的感觉。屋顶上的灯具造型奇特，嫩绿的枝丫缠绕在灯饰上，营造出属于自己的自然空间。

■ RGB=200,191,172 CMYK=26,24,33,0
■ RGB=136,138,109 CMYK=55,43,60,0
■ RGB=191,156,156 CMYK=31,43,33,0
■ RGB=121,37,60 CMYK=54,95,68,24

自然视觉印象的设计技巧——自然材料的运用

木质和石材是天然的装饰材料，其天然纹理给人一种自然粗犷的感觉。

由原始的木质材料搭建的灯棚装饰，可以清晰地看见房屋的结构。壁炉处的文化墙装饰，具有一种大气、原始的自然韵味。

本作品是一个自然风格的浴室设计，下沉式的浴缸，以及石材台面、墙壁，展现出浓厚的原始、自然特征。

在空间中大量使用木制材料，获得了一种可靠、结实、天然的视觉效果。天然木材的纹理与其带有的清新气息，搭配干花装饰，打造出雅致、自然、古朴的生活空间。

配色方案

双色配色

三色配色

五色配色

自然视觉印象设计赏析

6.5 时尚

时尚的室内设计风格会给人一种焕然一新的感觉，把个人特色发挥得淋漓尽致，突出温馨且不失时尚之感。这种风格具有独特的个性，注重个性的宣扬与实用主义，具有强烈的时代烙印，给人留下活泼、亮丽、生动的视觉印象。

特点：

◆ 具有强烈、独特的个人色彩，可以根据主人的喜好选择家中的颜色。

◆ 在空间上讲究人性化的处理，以最精简的布局发挥最大的生活机能，多以开放式的空间展现。

◆ 在家具的造型上，大胆地把观念艺术尝试运用在环境设计上，结合材料、家具形状等展现出令人赞叹的空间效果。

◉6.5.1 时尚——LOFT

LOFT 是一种独特的设计风格，具有独特的设计理念。将生活与工作区域统一地结合在一起，是一种新型的生活形态，也成为现代年轻人追求个性、向往自由的生活方式的体现。

设计理念：美式风格与现代风格的融合使生活空间独具魅力，铁艺窗格与

玻璃隔断使人在卧室中便可全面了解下层空间。

色彩点评：棕色、绿色作为空间主要色彩，形成中明度的色彩搭配，打造出复古、深沉的空间调性。

🔵 极具现代简约感的卧室以白色作为主色，打造出明亮、干净、极简的居住空间。

🔵 下层生活空间以复古木制家具为主，结合绿植的点缀，使整个空间萦绕着自然、朴实的气息。

- RGB=255,255,255 CMYK=0,0,0,0
- RGB=7,7,7 CMYK=90,86,86,77
- RGB=129,73,46 CMYK=52,76,89,20
- RGB=80,72,25 CMYK=69,64,100,35

本作品是 LOFT 公寓中的卧室设计，玻璃材质的隔断较好地保留了照明效果，通体白色的墙面更显空间明亮、洁净，为居住者带来惬意、舒适的体验与好心情。

- RGB=255,255,255 CMYK=0,0,0,0
- RGB=142,102,67 CMYK=51,63,79,8
- RGB=10,10,10 CMYK=89,84,85,75

本作品是一个美式风格的家居空间设计，在下层使用极具特色的红砖与木制家具，呈现出古典、复古的视觉效果。上层空间玻璃材料的使用展现出现代风格的实用性，同时形成通透的视野。

- RGB=230,230,228 CMYK=12,9,10,0
- RGB=25,27,28 CMYK=86,80,78,65
- RGB=94,41,25 CMYK=57,86,96,43
- RGB=138,158,156 CMYK=52,33,37,0

◎ 6.5.2 时尚——新奇

在空间中使用造型奇特的家具，可使空间不再拘泥于某种固定的风格；不断发展和相互融合的整体，可使空间更加完善，诠释出特有的神韵，营造出独特的美丽景观，给人一种新奇、时尚之感。

设计理念：现代简约的空间风格，纵向延伸凸显出空间的立体感与层次感。

色彩点评：洁白的空间，搭配实木的桌椅，给人一种沉稳安静的感觉。

🌿 造型独特的树木吊灯，给人一种清新、简单的感觉，强调了物与空间的相互关系。

🌿 开放式的空间，既有办公的地方，还有会客的空间，在书桌前面的空间摆放了沙发，给人营造了一个放松、休息的休闲空间。

- RGB=255,255,255 CMYK=0,0,0,0
- RGB=170,106,63 CMYK=41,66,82,2
- RGB=94,101,103 CMYK=71,59,56,6
- RGB=55,108,121 CMYK=82,54,49,2

本作品是现代简约风格的家居空间设计，在楼梯位置的墙面由一个个圆片垂直悬挂而成，玻璃的楼梯踏板与优美的楼梯组成极具现代感与观赏性的空间造型。

- RGB=255,255,255 CMYK=0,0,0,0
- RGB=35,152,156 CMYK=77,26,42,0
- RGB=141,136,130 CMYK=52,45,46,0
- RGB=79,79,87 CMYK=75,68,58,17

本作品是现代风格的客厅设计，墙面的抽象画与木制家具、各处放置的绿植形成自然风格与现代风格的融合，为客厅空间增添了鲜活、个性、新颖的色彩。

- RGB=196,206,212 CMYK=27,16,14,0
- RGB=181,158,155 CMYK=35,40,34,0
- RGB=165,154,140 CMYK=42,39,43,0
- RGB=68,65,52 CMYK=73,68,78,38

时尚视觉印象的设计技巧——创意新奇的门

　　创意家居是指造型新颖独特的家居日用品、家居装饰品等。这种家具在外观设计上不仅时尚，而且力求个性化，在满足产品的实用功能外，更以独特的设计打动人心，满足人的精神需求。

　　本作品为美式田园风格的家居空间设计，采用碎花墙纸对空间进行装饰，打造出清新、浪漫、明快的生活空间。蓝色的拱形门与整体空间的色彩搭配和谐，可以自由打开的小窗使通风照明更加便利。

　　餐厅的下方为一个酒窖空间。在餐桌的旁边地板上有一个木门，通过螺旋的木门楼梯通往酒窖设计时尚，增加了视觉的纵深感。

　　餐厅与客厅由折叠门进行分隔，玻璃与木材的搭配既带有天然、绿色的特点，又保持了空间的通透、明亮，划分空间的同时获得了宽阔明亮的视觉效果。

配色方案

双色配色

三色配色

四色配色

时尚视觉印象设计赏析

6.6 青春

青春的室内装修能够给人留下活泼、激扬、充满活力的视觉印象。这种室内装修风格一般使用较为明亮轻快的色彩，多采用暖色系，使空间极具跳跃的视觉感，表现了一种生活态度，反映了现代年轻人朝气蓬勃的精神状态。

特点：

◆ 空间所用的颜色五彩缤纷，给人一种积极向上，朝气蓬勃的感觉。绿色充满了青春活力，可给人留下充满希望的印象。而红色则可以体现活力与热情，黑色具有独立与时尚的意味。

◆ 青春是一种美好的象征，这种视觉效果的设计主要应用在儿童房、年轻人的生活空间中，可以表现为率真、活力、希望、独立。

◎6.6.1 青春——活力

整个空间装饰注重个性的宣扬与功能需求，同时又不失低调与内涵，具有强烈的时代烙印，给人以亮丽而生动的视觉印象。

设计理念：设计中的墙面使用亮丽的色彩进行装饰，而且注重人体工程学。

色彩点评：使用活泼的色彩相互搭配，使视觉感官更加饱满，增强了空间感。

🌸 充分利用空间。直线形的厨房设计，具有较强的空间感，体现出生活的精致与个性。

🌸 绿色搭配粉色、蓝色，给人一种活力、温馨的感觉，赋予空间生命力。

- RGB=250,238,230 CMYK=2,9,10,0
- RGB=225,214,60 CMYK=20,13,82,0
- RGB=161,202,164 CMYK=43,9,43,0
- RGB=237,165,153 CMYK=8,46,34,0
- RGB=35,162,191 CMYK=75,22,24,0

本作品是现代简约风格的卧室设计，以纯白色为主色调，颜色缤纷的床上用品、橘色的花纹窗帘、悬挂在座椅上的抱枕和蓝色地毯，都给房间增添了动感与活力。

- RGB=255,255,255 CMYK=0,0,0,0
- RGB=218,27,40 CMYK=17,98,89,0
- RGB=243,142,123 CMYK=4,57,45,0
- RGB=217,6,116 CMYK=19,97,26,0
- RGB=19,178,218 CMYK=72,13,15,0
- RGB=80,166,149 CMYK=69,19,48,0

明亮的蓝色墙壁和办公桌、亚克力椅子、单人床结合起来，提供了睡觉、学习和会客的有趣空间。从明亮的圆点花纹的床上用品中抽离色彩，并将它们带到整个空间。

- RGB=152,204,226 CMYK=44,10,11,0
- RGB=198,201,148 CMYK=29,17,48,0
- RGB=255,255,255 CMYK=0,0,0,0
- RGB=237,81,159 CMYK=9,80,2,0
- RGB=123,80,59 CMYK=55,71,79,19

◎6.6.2 青春——个性

在室内设计中为了凸显主人的个性，可以摆放具有创意的家具，并融合独特的创新设计理念。在外形上不仅要时尚，还要彰显主人的个性。使空间更具新鲜感、创造性，展现出独特的魅力。

设计理念：该儿童游戏室以野外冒险为主题，LOFT式的室内设计形成休息与活动的不同区域，扩大了孩子玩耍的空间。

色彩点评：以棕色与墨绿色为主色，营造出安静、神秘的丛林冒险氛围，以激发孩子们的兴趣。

1 楼梯设计为吊桥样式，绳索护栏既保障了活动中的安全性，也增强了游戏时的沉浸感。

2 浅色地面作为空间中较少的高明度色彩，在灯光的照射下更加明亮，可以避免低明度的环境损伤眼睛。

RGB=126,131,134 CMYK=58,47,43,0
RGB=73,71,48 CMYK=72,65,85,35
RGB=129,79,46 CMYK=52,72,90,19
RGB=232,228,225 CMYK=11,11,11,0

本作品为女孩卧室的设计，卧室中使用粉橘色、粉色与灰蓝色等纯度适中的色彩，营造出温馨、明快的空间氛围。

该空间采用墨绿色、灰色等低明度色彩进行搭配，打造出复古感较强的游戏空间。丰富的攀爬设施与地面柔软的地毯既可以满足孩子运动的需求，又可以保障安全性，减少受伤的可能。

RGB=232,197,178 CMYK=11,28,29,0
RGB=236,216,209 CMYK=9,19,16,0
RGB=225,152,146 CMYK=14,50,35,0
RGB=206,154,96 CMYK=24,45,66,0
RGB=143,142,150 CMYK=51,43,35,0

RGB=62,74,74 CMYK=79,67,66,26
RGB=194,185,180 CMYK=28,27,26,0
RGB=232,230,226 CMYK=11,9,11,0
RGB=56,51,49 CMYK=76,74,73,46

青春视觉印象的设计技巧——墙面的图案

墙面的图案花纹可以根据主人的需求进行设计，独特的图案既可以彰显个性，又可以增强空间的动感和时尚感。

墙面上的两个椰子树剪影的贴纸，给空间带来清新感，给人留下一种热带海边的视觉印象。

本作品为儿童卧室空间设计。墙面上的卡通花卉图案与鲜艳的红色、绿色、黄色搭配，使整个空间洋溢着欢快、活泼、鲜活的气息。

墙面上运用同色系的线条整齐对称地排列，增强了空间的延伸性，在视觉上拓展了空间。

配色方案

双色配色

三色配色

四色配色

青春视觉印象设计赏析

6.7 庄严

庄严就是空间的装饰由端庄而又具有威严感的元素组合而成，大方且极具气质的设计，常给人留下一种庄严的视觉印象。这需要设计者通过装饰元素和颜色的巧妙搭配，进而设计出适合当时环境的室内装修方案，以满足人们对生活空间的不同需求。

特点：

◆ 多使用精致的装饰材料和家具，给人一种庄重的感觉。

◆ 多使用色调稳重的黄色，以营造出宏伟或者安逸的空间氛围。

◆ 主要适用于具有较大空间的房屋，不适合小户型的装饰。

◎6.7.1　庄严——宏伟

室内设计中宽敞的空间，通过家具与色彩的搭配，呈现出一种庄重、宏伟的视觉效果，使整个空间具有一种磅礴的气势，给人留下庄严的印象。

设计理念：造型独特的天花板、精美花纹的地砖等组成了一个大厅空间。

色彩点评：大面积地使用白色作为主色，黑色作为点缀色，给人一种高贵、庄重的感觉。

① 宽敞的大厅作为家庭空间的枢纽中心，搭配造型花纹地砖。黑色的地砖具有分割空间的作用，同时给人一种宏伟的庄严感。

② 整个空间风格庄严，具有明亮的空间感。造型独特的灯具起到了装饰作用，与空间的风格相一致。

RGB=241,240,241 CMYK=7,6,5,0
RGB=165,133,97 CMYK=43,51,64,0
RGB=51,50,49 CMYK=79,74,73,46

本作品采用对称式的设计手法，大厅作为连接空间各处的纽带区域，以白色作为主色，形成明亮、大气的视觉效果。晶莹剔透的水晶灯使空间更加唯美、浪漫，赋予空间艺术格调。

RGB=255,255,255 CMYK=0,0,0,0
RGB=190,126,82 CMYK=32,58,70,0
RGB=61,31,21 CMYK=67,83,90,59
RGB=216,192,180 CMYK=18,27,27,0

宽敞的浴室空间，四周从上到下为落地窗，整个空间给人一种通透明亮的视觉感受。精美的天花板和墙体线条给空间增添了华丽高贵的元素。

RGB=193,192,197 CMYK=29,23,18,0
RGB=192,168,125 CMYK=31,35,53,0
RGB=78,76,82 CMYK=75,69,60,20

◎6.7.2　庄严——品位

随着时代的发展，人们开始追求高质量的生活方式，室内装修已不再是简单地为了居住，而是更注重风格和文化内涵。这就要求室内空间必须体现出主人的生活需求和品位。

设计理念：欧式风格的浴室设计，简单的线条装饰给空间增添了华丽的色彩。

色彩点评：大面积地使用乳白色，给人一种洁白的感觉。

🔘 梳妆台搭配软椅摆放在浴缸旁边，整个空间高贵、典雅，使人身心放松，给人一种享受的感觉。

🔘 整个空间颜色协调一致，罗马柱和罗马帘相搭配给人一种高贵、典雅的感觉，体现了主人的生活品位。

RGB=227,224,229 CMYK=13,12,8,0

RGB=195,172,152　CMYK=29,34,39,0

本作品为美式风格的餐厅设计，精致、优美的餐桌，悬挂的华丽吊灯使室内空间极具品位感，可使就餐者体验到精致的、舒适的就餐环境。

RGB=232,231,237 CMYK=11,9,5,0

RGB=174,159,130 CMYK=38,37,50,0

RGB=144,162,166 CMYK=50,32,32,0

RGB=4,4,5 CMYK=92,87,87,78

华丽的水晶吊灯与复古墙画，以及古典的家具都彰显出室主人的品位。通过暖色调色彩的搭配，打造出古典、富丽的家居空间。

RGB=198,184,158 CMYK=28,28,38,0

RGB=129,43,21 CMYK=50,91,100,25

RGB=141,136,96 CMYK=53,45,68,0

RGB=66,49,35 CMYK=69,74,85,49

RGB=255,255,255 CMYK=0,0,0,0

庄严视觉印象的设计技巧——酒窖的装饰

　　酒窖需要通过避光、恒温才能保持酒的品质，随着现代科技的发展，可以将酒窖设计在任何地方。将储藏葡萄酒的功能融入起居环境中，与艺术装饰相结合充分展现主人的品位。

木质结构覆盖该房间的墙面，营造出一种洞穴般的环境。既是建筑构件，又是家具的一部分，以格子图案排列作为葡萄酒陈列柜。	家庭酒窖的设计主要应考虑实用性，因此开辟一处单独空间存储葡萄酒，玻璃门便于随时查看进入空间。	一排排的酒架排列在酒窖的墙壁上。在房间的中央，一张桌子为品尝不同的葡萄酒提供了适宜的环境。

配色方案

双色配色　　　　　　　　三色配色　　　　　　　　四色配色

庄严视觉印象设计赏析

6.8 传统

传统是一个相对的概念，使用特别广泛，渗透到人类活动的各个领域。传统的室内设计常用实际的材质和不同的形态来进行设计。将传统元素应用到设计中，可以营造独特的视觉效果，从而带给人们舒适的感觉，展现出精致的传统美感。

特点：

◆ 具有年代感，颜色采用深色系，给人一种沉稳、大气的感觉。

◆ 在材料上使用木材、文化砖等具有复古元素的材质，在视觉上带给人们一种历史年代感。

◉6.8.1 传统——精致

随着生活水平的不断提高，人们开始向往和追求高品质的生活。在装修上，人们越来越注重装饰材料和家具的质量、外形，注重每一个细节的布置，使整个空间变得更加精致、舒适。

设计理念：门厅的走廊设计，使用了文化砖的墙面，充分利用了墙面的空间。

色彩点评：以棕色为主色调的空间，给人留下一种充满年代感的视觉印象。

🔵 在墙面上设置了多个挂钩和一个柜子，可以放置东西。帽子、雨伞、钥匙为家人出门必备的携带品，放在明显的墙面上，既有收纳的功能，也可提醒人们不要忘记携带。

🔵 一个直达楼梯的鞋柜，在视觉上延伸了空间感，既可以收纳鞋子，也可以作为换鞋凳来使用。

🔵 屋顶悬挂的老式白炽灯泡，既可为整个空间照明，又增强了空间的年代感。

RGB=125,80,59 CMYK=54,72,79,18
RGB=181,183,195 CMYK=34,26,18,0

棕色的木柜、方格天花板以及木地板包围了整个空间，增强了历史感，也给人一种平静、传统的感觉。质感较好的皮椅、别致的单人椅与写字台体现出装饰与艺术的完美融合。

RGB=166,139,130 CMYK=42,48,45,0
RGB=149,86,68 CMYK=47,74,75,8
RGB=32,15,22 CMYK=81,88,78,69

一个经典的餐厅由竹子和装饰雕塑包围，给人一种现代和传统的完美融合感。巨大倾斜的地板反射镜是一个很好的补充，以强调独特设计的室内照明，使房间显得更宽敞。

RGB=237,167,94 CMYK=10,43,66,0
RGB=167,70,17 CMYK=41,83,100,6
RGB=244,241,242 CMYK=5,6,4,0
RGB=38,27,24 CMYK=78,81,82,65

◎ 6.8.2 传统——沉稳

室内装修中传统的视觉印象会使人产生一种沉稳、安静的感觉。这种装修方式一般采用深色系的色彩，材料上使用天然的材质，打造一个自然、古典的空间，挂饰上也会选用传统的水墨画等，给人一种大气、稳重的感觉。

设计理念：棕色木质的墙体柜子，纵向延伸，凸显出空间的立体感和层次感。

色彩点评：大面积地使用深棕色，给人一种沉稳、大气的感觉。

🌀 充分利用空间，在墙面的全部位置做成了从上到下的柜子，增加了房屋的储物功能，在视觉上延伸了空间。

🌀 两扇明亮通透的窗户，给空间增加了照明，使得房间看起来更加宽敞、通透。

RGB=150,96,66 CMYK=48,69,79,7
RGB=224,219,219 CMYK=15,14,12,0
RGB=87,98,105 CMYK=73,61,54,6

该茶馆的简约设计遵循空间最小化原则。茶馆一边为开放式的落地窗，提供朝向花园的视角，另一面则用黏土做墙进行封闭。窗户则是被一层稍微透明的纸所覆盖，它能让光线通过。

■ RGB=209,184,144 CMYK=23,30,46,0
■ RGB=139,126,95 CMYK=55,50,67,1
□ RGB=239,230,212 CMYK=8,11,18,0
■ RGB=66,65,60 CMYK=75,69,71,35

传统的空间摆设，墙面的颜色为白色，地面及家具采用深色系，使得空间极具层次感。墙上摆放的无画框挂画、照片和桌面上摆放的绿植，都给人一种沉稳、古朴的感觉。

□ RGB=255,255,255 CMYK=0,0,0,0
■ RGB=84,89,97 CMYK=74,64,56,11
■ RGB=114,83,39 CMYK=58,67,97,22

传统视觉印象的设计技巧——门厅的设计

门厅作为进门的缓冲区域，起到了过渡、连接各个空间的作用。当客人来访的时候第一印象就是门厅，所谓"开门见厅"，门厅的装饰对于室内装修来说也是很重要的。

打开大门就看见了宽敞的大厅空间，大型吊灯正对圆形花纹的地砖，上面的桌子用于摆放花朵，使空间极具层次感。

纯白的空间中，罗马柱结合拱形造型，使得整个空间极具立体感，提升了整个空间的古典美，增加了空间的美感。

金色的大厅空间，给人一种辉煌大气的感觉，深色地砖的花纹，增加了空间的流动性与层次感。

配色方案

双色配色

三色配色

四色配色

传统视觉印象设计赏析

6.9 现代

现代风格家具可将空间装饰得更加新颖、雅致，非常顺应现代时尚潮流，结合当下人们的生活态度与审美观念，打造出时尚、前卫、现代的生活空间。

特点：

◆ 在装饰与布置中体现出家具与空间的相互协调性，造型多采用几何结构。

◆ 基本以"灰白黑"为主色调，或者使用跳跃色，给人一种眼前一亮的感觉。

◆ 强调结构和形式的完整，更追求新材料和新技术的合理使用。

◆ 强调功能性设计，线条简约流畅，色彩对比强烈。由于线条简单、装饰元素少，现代风格家具需要完美的软装饰配合，才能显示出美感。

◎6.9.1 现代——高档

现代家居装修在设计上都具有个性化的特点，随着人们对生活需求的提高，家庭空间的装修也进一步高端化，使生活空间变成具有独特个性的生活环境。

设计理念：简约的欧式风格设计，使整个空间呈现出极简风格，给人一种优雅、纯净的感觉。

色彩点评：大面积地使用白色，提升了空间明度，使居住者心情更加明媚。

🔵 整个空间的线条与几何图形较多，给人以利落、简单的视觉感受。

🔵 造型别致的水晶吊灯呈现出晶莹剔透的质感，带来浪漫、唯美、梦幻的气息。

RGB=255,255,255 CMYK=0,0,0,0
RGB=142,101,75 CMYK=51,64,73,7
RGB=206,197,186 CMYK=23,22,26,0
RGB=7,6,6 CMYK=90,86,86,77

本作品是一个现代风格的厨房设计，橱柜设计为 L 形，褐色的柜门搭配银色的台面，使得整个空间金属质感较强，给人一种高档的感觉。

本作品是一个开放式的厨房空间设计，U 形橱柜的设计，便于人们摆放菜品，方便人们制作食物，白色花纹的大理石台面搭配黑色橱柜，给人一种现代、精致、高档的感觉。

RGB=222,220,225 CMYK=15,13,9,0
RGB=64,41,35 CMYK=69,79,81,53
RGB=215,195,177 CMYK=19,25,29,0

RGB=231,209,186 CMYK=12,21,27,0
RGB=230,216,181 CMYK=13,16,32,0
RGB=10,13,22 CMYK=92,88,77,70

◎6.9.2 现代——通透

在空间设计中，利用材料、结构装饰可在视觉上打造出通透感。运用通透的设计手法改善空间形态，能使空间为居住者带来视觉与心理上的双重享受，创造出独特新颖的室内空间。

设计理念：自然风格的卧室空间，通透的窗户与绿植为生活增添了乐趣，提供一处悠闲、享受的休息空间。

色彩点评：暖色系的墙面与地面搭配，使整个空间呈现出自然、朴实、安静的视觉效果。

❶ 白色的床品与天花板、墙面占据较大比例，形成整洁、干净的空间基调。

❷ 布艺地毯与沙发以其柔软的质感为空间增添了柔和、温暖的色彩，营造出温馨、舒适的空间氛围。

RGB=197,197,199 CMYK=27,21,19,0
RGB=168,146,123 CMYK=41,44,51,0
RGB=207,199,190 CMYK=22,21,24,0
RGB=76,78,55 CMYK=72,62,82,30

落地窗的设计使生活空间呈现出明亮、整洁、干净的视觉效果，也在视觉上形成扩张感，显得整个空间更加宽阔、通透，给人带来愉悦、轻松、清爽的感受。

RGB=255,255,255 CMYK=0,0,0,0
RGB=158,173,80 CMYK=47,25,80,0
RGB=247,235,183 CMYK=6,9,35,0
RGB=217,192,151 CMYK=19,27,43,0
RGB=129,51,3 CMYK=50,86,100,25
RGB=196,199,208 CMYK=27,20,14,0

原始的哥特式窗户和暴露的钢梁，拱形天花板与玻璃门，以及开放式的厨房、餐厅，在台阶的连接下，通往一个可以观看到室外全景的露台，使得整个空间更显通透，给人一种明亮、透彻的感觉。

RGB=203,201,202 CMYK=24,18,19,0
RGB=71,76,80 CMYK=77,68,62,22

现代视觉印象的设计技巧——现代材料的应用

现代生活中，人们习惯采用简约的设计方式，在材料上使用金属、铁艺等线条简单、造型独特的家具，极具现代风格的特点。

该空间采用线条简单的家具，铁艺的座椅、吊灯，都给人一种简洁的感觉。墙面的图案增加了空间的纵深感。

使用玻璃作为整个空间的墙面，给人一种明亮、透明的感觉，整个空间变得宽敞、通透，极具现代感。

整体明亮的空间，放置结构简单的铁艺床，灯罩也为铁艺装饰，营造出一个简洁、干净的卧室环境。

配色方案

双色配色

三色配色

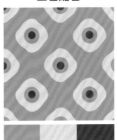

四色配色

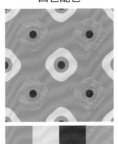

现代视觉印象设计赏析

6.10 设计实战：同一空间，不同家具打造不同的视觉印象

卧室是供人休息、睡觉的地方，房间布置得好坏，直接影响人的睡眠质量。卧室的装修设计应当注重实用性与舒适感的结合，注重灯光造型的立体化以及良好的通风，从而营造出舒适温馨的卧室环境。

在空间整体框架不变的前提下，通过家具、颜色等软装饰的变换，会给人带来不同的视觉感受，可以获得华丽、可爱、复古、自然、青春等效果。

空间特点：

图示为卧室的基本结构，卧室面积为 $30m^2$，其中一侧墙面有一个窗户。卧室主要是为了休息，所以装饰的时候不必过分花哨。

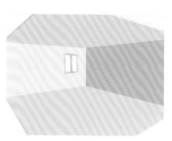

视觉印象：

如果不能决定到底哪种风格更适合自己居家，不如在同一个卧室空间尝试一下不同的风格。

◆ 确定视觉印象。要考虑你到底想要得到一个什么样的空间，比如，第一印象是可爱、复古、传统、现代等。

◆ 选择适合的颜色进行搭配。比如可爱的视觉印象可采用粉色和白色相结合。

◆ 选择具有代表性的墙面花纹、地面材质。比如可爱的效果中可以选用带卡通图案的墙纸。

◆ 选择风格明显的家具和配饰。比如现代风格可以选用现代造型的家具，中式传统风格可以选择中式家具。

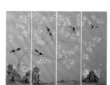

华丽的视觉效果卧室

设计师推荐色彩搭配：

分 析

- 本作品是欧式风格的卧室设计，装饰的床尾椅，给人一种华丽、高贵的感觉。
- 卧室的灯以柔和色调为主，没有采用硕大的吊灯，设置了壁灯和台灯，可以分别使用。
- 壁灯灯光柔和，令整个卧室充满温馨气息，也容易让居住者进入梦乡。台灯的设置适合睡前喜欢看书的居住者。

可爱的视觉效果卧室

设计师推荐色彩搭配：

分 析

- 本作品是一个儿童房的设计，粉色给人一种可爱的感觉，也给房间增添了温馨的气息。
- 卡通图案的墙纸、窗帘上的可爱图案，赋予卧室空间以可爱、别致的色彩，增强了童趣感，使得整个空间变得更加活泼可爱。
- 地面上的地毯可以保护孩子的安全，同时摆放的画板，可以让孩子发挥想象力，也可防止儿童在墙上乱写乱画。

复古的视觉效果卧室

设计师推荐色彩搭配：

分 析

- 本作品呈现出一种复古的视觉效果，采用对称式的设计手法，给人一种沉稳的感觉。
- 卧室作为人们休息的空间，不宜使用较为明亮的灯光，所以本作品中只设置了床头灯和壁灯，它们各有各的作用，暖黄色的灯管给人温馨感，有助于睡眠。
- 深色的罗马帘，可以很好地阻挡阳光的照射，提高主人的睡眠质量。

自然的视觉效果卧室

设计师推荐色彩搭配：

分　析

- 本作品是具有自然视觉效果的卧室设计，采用地中海风格设计而成。大面积地使用蓝色，给人一种身处海洋般的感觉。
- 墙面挂饰为地中海风格中的主要元素——船舵和锚，使得空间更加自然清新。
- 在空间悬挂了阶梯形的吊灯，既给空间提供了光源，也不会影响休息。

传统的视觉效果卧室

设计师推荐色彩搭配：

分　析

- 该作品是具有传统视觉印象的卧室设计，整个空间以中式风格设计为主，散发着浓郁的传统文化韵味，营造出一种古典儒雅的环境氛围。
- 成套的红实木家具，传统的造型结构，都具有古香古色的底蕴，其黄色的花纹抱枕则为较硬的家具增添了一丝柔和。
- 窗户附近的空间摆放了一套中式座椅，为人们提供一个茶余饭后休闲、聊天的空间。墙面上的八角墙柜、水墨画起到了点缀空间的作用，使得整个空间更具有传统韵味。

现代的视觉效果卧室

设计师推荐色彩搭配：

分　析

- 该作品属于简约风格的卧室设计，使用现代质感极强的材质装饰卧室，在视觉上给人一种冲击力。
- 整个空间以功能性为主，没有过多的装饰，充分地利用墙面的空间，在墙上做了两个六边形的墙柜，既有实用性，也具有装饰性。
- 充分利用空间，在窗户位置的空间，开辟出一个工作区域。因为在窗户的下方，所以有充足的光照，再加上造型简单的铁艺座椅，使该空间极具通透感。

第7章 室内软装饰设计秘籍

随着时代的不断变迁，人们对生活品质的要求不断提升，对家居装饰也有不断的追求。为了家这个温馨的港湾，在装修时会出现一些烦恼，怎样才能将空间装扮得既精彩又不繁乱？如何把小空间的户型变得更加宽阔？怎样搭配家具？下面教大家一些实用方法。

◆ 在家居空间装修中要抓住主题，使多种元素相互融合统一，才能令空间精彩万分。

◆ 狭小的空间可以大面积使用落地窗户或镜面装饰使其更为明亮，并在视觉上增强扩容感。

◆ 注重细节方面的装饰，例如儿童房中的书桌、床的拐角位置等，为了防止磕碰儿童，在家具的选择上应选用圆角家具，或者是装饰防撞贴。

◆ 在材质的选择上，可以根据主人的要求及空间所要打造的风格，选择实木、铁艺等材质。

7.1 利用镜面装饰扩大空间面积

镜子最主要的作用是为出门前的衣着整理与装扮仪容是否妥当提供参照，但在现代家具装修中，镜子也具有其独特的装饰性。

◆ 精美、精致的镜子装饰，搭配室内其他家具可提升空间的品质感。

◆ 因其具有反射光线的能力，所以可以产生扩容感，增强空间的宽阔感。

◆ 可以利用其反射原理，将充足的光线引入到较暗的房间中，提升空间的明亮度。

本案例的空间不大，但是墙面大量使用镜子，很大程度上扩展了空间，令狭窄的空间在视觉上得到扩充。

● 卧室中的主卫空间是用镜面做墙围成的，关上主卫浴室的门，主卫空间就被隐藏了起来，给人一种神秘、奇异感。

● 明亮的镜子在视觉上既可以扩展空间，又可以反射自然光。

洗漱台上方采用几块银面镜子拼接成一堵镜面墙，对面则使用光滑的黑色瓷砖做墙体，运用镜面反射的作用，相互横向扩容卫浴空间。

● 银镜镜面光亮性好，水银密度高，不易受潮。

● 镜面将空间原本的"尽头"，扩增到另一个"开始"，使空间视觉得到延伸。

● 整个浴室大面积采用木质结构，给人一种天然、简洁的感觉。

卧室中床边摆放的全身镜可以为主人提供衣着装扮是否得体的参考。

● 卧室空间以暖色调为主，棉麻材质的床上用品与木质地板搭配，使空间呈现出自然、纯粹的风格。

● 绿植与干花装饰带来清爽、鲜活的生命力，营造出轻松、舒适的空间氛围。

7.2 用色彩打造空间灵动性

在现代室内设计中，色彩是影响人精神生活的重要因素，因此室内色彩的均衡感很重要。要注重色彩的明暗和面积的均衡感，明度高的色彩在上，明度低的色彩在下，不可"头重脚轻"。各区域的色调一定要和主色调相互协调。

本作品整体充满了童趣，橱柜使用多彩的颜色，使整个空间变得更加"热闹"。

- 明亮的颜色给人一种欢快、活泼的感觉。
- 墙面上动物头的装饰品与橱柜拉手的动物形态相呼应。
- 把一面橱柜上方的墙面做成黑板墙，橱柜变为复式的空间的地面，使得厨房空间更具层次感。

本作品给人的第一印象就是色彩明丽，颜色多样。

- 本作品的整个墙面装饰了四行多彩的柜子，给人一种多彩亮丽的感觉，同时增加了空间的储物功能。
- 咖啡色的沙发与绿色躺椅起到补充的作用。

本作品给人一种青春、明亮的感觉，使得空间更具朝气。

- 颜色亮丽的挂画增添了空间的活泼感，给人眼前一亮的灵动感。
- 黄色抱枕点缀着深蓝色在下、天蓝色在上的沙发，视觉上带来艺术性的享受，同时与墙壁上的挂画相呼应。

7.3 巧用窗帘装饰空间

在现在的软装饰设计中，窗帘已经成为影响布局设计的重要元素之一。选用窗帘时要注意区域和光线，还要和居室主色调相和谐，而且还应考虑空间及窗户的大小，使其与环境融为一体，强化居室空间格调。

该空间的框架为一扇三角窗，三角窗可能会造成许多问题，解决办法是沿着三角窗制作出固定的不带滑轮的轨道。

● 因为三角形独特的结构，使之不能用带滑轮的轨道窗帘，所以必须分层设计。
● 素雅颜色的窗帘与空间相结合，使空间更加干净清澈、明了整洁。

本作品中客厅空间的举架较高、面积较大，从上到下的落地窗，在视觉上给人一种宽敞明亮的通透感。

● 从上到下的落地窗帘降低了空间高度，减少了空旷感，令居住者更加舒心惬意。
● 深色的窗帘与石料的颜色相近，相互连接空间，凸显了空间的整体性。

本案例的卧室窗帘采用窗帘布与窗纱的搭配组合。

● 这种搭配组合既可以为室内带来充足的光线，又可以减轻耀眼的光线带来的刺目感。
● 窗帘的丰富层次与装饰性，打造出卧室空间若隐若现的迷人景象。
● 咖啡色的窗帘既便于主人的休息，又保证了卧室空间的私密性。

窗帘在家居装饰中，能让家居空间变得更加美轮美奂。

● 该儿童房的窗帘采用双层设计，既遮挡了强烈的阳光照射，同时蓝色窗帘的镂空设计，也增强了空间的通透感。
● 白色窗纱与蓝色窗帘相互搭配，给人一种清新的感觉，同时与蓝色的儿童床相互呼应，完美的搭配为空间创造出舒适、和谐、统一的装饰风格。

不同的空间对于窗帘风格的要求有所区别。空间整体呈现出华丽、古典的宫廷风格。

● 酒红色的窗帘与边缘的绒花装饰繁复华丽，体现出富丽、大气的格调。
● 整个空间以白色为主色，在酒红色窗帘的装饰下，可以为客人留下更深刻的印象。

7.4 让楼梯的空间变得更加丰富多彩

楼梯是楼层间交通用的主要构件，楼梯的造型还具有点缀空间的作用。在家庭装修过程中楼梯往往会被忽略，如若把楼梯及其周围好好规划一番，巧妙地处理，也能起到很好的装饰、收藏和展示作用，让生活更加惬意。

本作品以黑白灰为空间主调，造型独特的楼梯，给人一种极强的现代感。

- 造型独特的楼梯踏板，在视觉上带给人们奇特玄幻的感觉，使得空间更加错落有致。
- 透明的玻璃挡板给人一种楼梯在半空中漂浮的感觉。
- 深色的踏板，可以给人一种心理上的安全感。

利用楼梯下方的垂直死角空间，打造了一个书架，活用了空间死角。

- 完美地利用空间，把楼梯拐角处设置为书架，方便主人取书用书，同时可以摆放一些饰品。
- 与空间中的桌椅相结合，保证主人有一个阅读的地方，节约了空间。

本作品将楼梯做成了一个装饰性和功能性相结合的楼梯，给空间带来了灵活性、流动性。

- 实木材质的楼梯可调节空间的湿度，给人一种舒适感。
- 楼梯为双通道设计，一边为滑梯，一边为楼梯，给生活增添了情趣，使主人产生一种回归到童年的感觉。

本作品作为古典哥特风格的设计，展现出华丽、神秘的格调，给人以深沉、复古的感觉。

- 铁艺的楼梯扶手与精雕细琢的花纹，使其呈现出华丽、复古的造型，提升了整个空间的艺术感。
- 浅茶色作为该处空间的主色，色彩较为柔和，极具古典、含蓄的气息。

7.5 充分利用空间陈列家具

作为小户型的居室，释放空间才能使生活更加舒适。进行软装饰设计时，要合理规划使空间得到充分的利用，同时也要兼顾居室的层次感。

整个阁楼的空间被充分地利用起来，变成了一个清新的儿童房空间，空间具有多功能性。

- 本作品为层高过高的空间设计，在房屋空间中开辟了一个卫生间，使得整个空间功能齐全。
- 把卫生间上方的空间做成了隔断，便成为阁楼空间，供孩子玩耍娱乐。

小空间、大功能，在本作品的儿童房中充分地体现出来。

- 墙上吊起的实木单人床，床下的位置给房间省出了一大部分空间。
- 即使在房屋中放置一架钢琴，一个学习桌，空间也不显得拥挤，阳光透过两扇明亮的窗户使得房屋看起来更加宽敞。

本作品为 LOFT 复式公寓设计。将层高较高的空间分隔为不同功能区，可以有效地利用空间。

- 本作品使用铁艺围栏、扶手与木制地板搭配，呈现出极简、自然的风格。
- 白色、棕色与黑色的合理搭配，使空间的色彩形成无彩色组合，打造出安静、深沉、安全的个人生活空间。

7.6 打造自然风情的居室空间

随着生活水平的提高，人们也开始注重家居装饰，注重家具的材料用料。采用木材、石材、编织品在空间中装饰，给人一种天然清新，淡雅干净的感觉，在有限的空间营造品位独特、集实用性与美感于一体的室内环境。

本作品采用砖块造型的墙体，整体造型粗犷豪放、纯净自然，给人一种质朴的感觉。

- 上下墙面分离的独特结构造型，在视觉上给人一种新奇的感觉，使空间更具层次感。
- 墙面的设计保持了石材原有的纹理和质感，洗手池的造型与之相呼应。

本作品是一个酒窖的空间设计，居室空间采用天然的材质，呈现出空间的整体美观性。

- 简约线条的天花板，使空间极具错落感，为空间创造出独特的艺术视觉效果。
- 这是一个大的地中海酒窖空间设计，米色的石灰石地板，石材堆砌的墙体，都凸显出原始的自然风。

本案例为开放式的对称设计空间，采用传统的木质结构构成整个空间。

- 长方形的天花板，线条简单，扩大了空间的视野。
- 整个房屋空间使用天然的木质装修完成，搭配地毯装饰，营造出温馨舒适的室内环境。

7.7 领略开放式格局

开放式格局具有拓宽空间视觉效果的功能，使得空间不会显得狭窄而有压迫感。但开放空间最容易出现的问题就是空间杂乱没有条理，只能通过家具、天花板造型等来区分空间，同时在颜色的使用上要禁忌多种颜色的乱用。

本作品是一个开放式布局、通风性强、宽敞明亮的阁楼设计。

- 开放式厨房、就餐区与客厅相连，裸露的砖和木质横梁、高耸的天花板，给人一种视野开阔的感觉。
- 通过墙面上的大窗户和天窗透过的自然光，使得空间更加宽敞明亮，让居住者拥有神清气爽、愉悦欢快的心情。

本作品利用厨房、餐厅和客厅贯穿的开放式格局给人一种视野开阔的感觉。

- 采用素雅的色调加上自然的木材，清晰地划分空间区域。
- 线性的横梁串联着空间整体，而大型的窗户与门洞的设计令空间更加明亮、宽敞。

本作品以浅色为主色调，以中间的壁炉划分空间。

- 阳光通过落地窗照射进来，使得空间更加宽敞明亮，给人带来一种愉悦的心情。
- 壁炉的设计，将整个空间划分为四个功能区，各个空间相互连接。
- 统一的地板连接空间，白色的简单地毯又划分出空间，既宽敞美观又不显得凌乱。

7.8 巧妙运用灯光效果

在家居装饰中灯光对家居风格和氛围起着重要的作用，一款别致的灯饰能给家居装饰带来视觉上的灯光体验，同时温暖柔和的灯光效果，也可为温馨的居室增添艺术韵味。

> 卧室作为休息、睡觉的地方，通常应使用柔和的灯光，太过明亮的灯光会影响人入睡。

- 沿着房屋四周悬挂的小型吊灯给空间带来均匀柔和的光照，给人温暖的视觉感受。
- 暖黄色的灯光，给人一种温暖、舒适的感觉，有助于人进入睡眠。

> 本卧室采用多种照明组合的方式，使卧室每个角落都得到了光的照射，营造出温馨的氛围。

- 使用台灯与吊灯组合光源，灯光打造的空间散发着温馨的暖意并且更具有排解压力的舒适感。
- 墙面上的镜子在一定程度上扩大了空间，在视觉上使空间面积增大。

> 本作品使用精致小巧的吸顶灯和造型简单的吊灯进行照明，柔和的灯光增添了浪漫感。

- 较大的厨房空间将先进的电器设备与节能 LED 和紧凑型荧光灯设备结合在一起。
- 餐桌上方的吊灯，给人一种温馨的感觉，照射到食物上，增加人的食欲。

7.9 安全舒适的儿童房

儿童房是孩子休息、学习和玩耍的地方，因此布局要注意安全、通风、环保。儿童房的地板最为重要，应注意防滑避免孩子跌倒磕伤。而且儿童房空间不宜太满，要给孩子足够玩耍的空间。

本作品是一个儿童房设计，独特的构思理念给儿童在家中创造出一个童话世界。

- 空间设计打破了以往的陈旧格局，奇思妙想的设计完全符合儿童敏捷的思维和活泼的心理。
- 圆形的帐篷设计，给孩子一个不一样的玩耍空间，柔软的坐垫，仿佛是另一个生活空间。

本作品是一个儿童房设计，注重其实用性。

- 简单的空间设计，用实木的材料制作了一款家具，在墙上制作出一个独立的空间，使整个空间非常新奇、独特。
- 将空间中的一面墙制作成黑板墙，给孩子提供了自由发挥的空间。

本作品为多功能的儿童房空间设计，注重实用性与安全性。

- 浅蓝色的墙壁和条纹的图案在视觉上延伸了空间。
- 整个空间整体提高，增加了储物空间，白色的整体家具，给人一种干净、简洁、明亮的感觉。

7.10 干湿分离的卫浴空间

卫浴是提供给居住者洗漱、浴室、厕所的三种功能区。卫浴设计以简单方便为主，而且造型应精致简单，在视觉上获得清爽利落的效果，但要注意通风、防潮。

以欢快明媚的黄色与白色进行搭配，打造出一个时尚、简约的现代风格卫浴空间。

- 本作品中采用了干湿分离的设计理念。
- 洗手池上方的镜子既具有实用性，又具有装饰空间的作用。

符合空间划分规则，良好的通风和采光可以在人们泡澡时，带给人们一种舒适的享受。

- 泡浴与淋浴完全分开，既可以享受浴缸的尊贵慵懒，又可以享受淋浴的方便快捷。
- 大量的玻璃元素植入并巧妙地划分，增大了空间面积，给人一种清凉的感觉。

本作品采用干湿分离的设计理念。

- 浴缸泡澡可以给人一种舒适放松的享受，本作品中采用人体工程学打造的白色浴缸，使泡浴者获得了一种舒适的享受。
- 干湿分离的理念使保持沐浴之外的场地干燥卫生，并方便两人共同使用卫浴。

7.11 巧妙布置室内植物

　　家居装饰要达到美观、舒适的要求，不仅要配备必要的家具，还要巧妙地运用一些花卉植物点缀。植物在室内装饰也称植物造景艺术。人们将自然界的花卉植物引入室内既可以获得赏心悦目的感觉，又可以起到净化空气、美化空间的作用。

本作品为浴室空间的设计，注重实用性与艺术性的结合，营造出一种放松、自然的空间氛围。

- 浴室的矮墙墙面与自然植物结合，以保持温度和空间湿度，减轻浴室空间的坚硬感。
- 整个空间充满了大自然的气息，给人一种舒适放松的感觉。

在电视墙的附近放置一盆绿植，给空间增添了自然的气息。

- 在房屋中摆放绿植，给人一种生命力旺盛的感觉，黄色的花盆给空间增添了色彩。
- 绿植可以美化环境、净化空气，为空间增添自然的色彩，也可体现主人热爱生活的态度。

本作品为清新浪漫的空间设计，花艺元素作为浪漫、甜蜜的象征，在厨房中摆放，可以带来优雅、浪漫的气息，提升空间的美感。

- 灰粉色的料理台与粉色花卉形成同类色搭配，给人一种温柔、典雅的视觉印象。
- 抽象风格的陶艺花瓶独具个性，呈现出别致、新颖的视觉效果。

7.12 创意家具的摆放

创意家具在摆放的时候一定要错落有致，而且要跟整体家居风格协调。

本作品采用别致、新颖的造型，给人一种新奇的感受。

- 白色的空间主色让一切回归生活的简单质朴，在白色柜子的中间制作两个红色圆形的空间，可以在其中躺着休息，既节约了空间，也使得整个空间更具个性。
- 另一面的黑板墙给孩子提供了放飞想象力的空间。

居室整体以白色为主色调，以实木的家具为主体，给人一种简约朴素的感觉。

- 床的选择具有独特性，上层床为固定在墙上的单独床体，下层则是可以滑动的床体，在不需要的时候可以靠墙摆放，节约空间。

本作品以儿童乐园为主题设计而成，独特的构思可让孩子在家中拥有一个游乐场所。

- 将空间中的一面墙分为两部分，一部分设计成一个可以攀岩的场所，既可以满足孩子活泼好动的需求，又可以锻炼身体。
- 另一部分为一面黑板墙，上面安装了电视，合理地规划了学习与玩耍的时间。

7.13 家居设计中人与环境的融合

室内设计、软装饰设计都要研究如何让人与环境相融、相宜、相合，这就必须对家居内部与外部环境进行细致分析，对家居环境进行优化、改造。合理的色彩搭配、陈列方式会令人感到舒服、安心，否则会影响人的睡眠、健康，从而影响人的生活。

卧室设计，房门不宜与卫生间、厨房相对，以防水汽等异味扩散；床头不宜对着门口，防做噩梦或产生幻觉；床头上方不宜悬挂物品，否则有碍于人的睡眠。

● 床体高度要略高于膝盖，窗帘的设置，柔和的灯光设置，都有助于人的睡眠、休息。
● 空间中有多扇窗户，有利于室内空气的流通，保证卧室空气的质量。

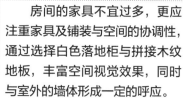

房间的家具不宜过多，更应注重家具及铺装与空间的协调性，通过选择白色落地柜与拼接木纹地板，丰富空间视觉效果，同时与室外的墙体形成一定的呼应。

● 该玄关处理得恰到好处，在方形空间的两面墙的位置都设置衣帽一体柜，充分、合理地利用了空间。
● 防滑的木质地板、脚踏垫使整个空间更加整洁明亮。

书房装饰，桌子要宽阔，外观要养眼，椅子背后要有靠头，而且环境要不受干扰。书房中不能设置电视，以防止分神，影响学习或工作。

● 采用色彩凝重的实木装饰书房，会使人产生一种厚重的质朴感，有利于人的思考。
● 书房可以作为主人在家办公的场所，在书房之中放置沙发，给人们提供了交谈的场所。

7.14 玄关的设计方法

　　玄关是房门入口的一个区域，是人们进入居室看到的第一道风景线，其可以增强主室内的私密性，避免客人入门的时候对房间一览无余，在视觉上起到遮挡的作用。同时因为玄关是访客进入居室的第一印象，因此它的格局与照明也是十分重要的。

本作品空间整体格局简单明晰，黑白色调的对比给人一种时尚的感觉。

- 在入户的玄关空间，放置柜子、衣架、长椅，方便人们放置一些出门所需的物品以及鞋子的收纳。
- 长椅的设置，既可以作为穿鞋凳，也可以作为一个休闲空间，加上阳光照射，使空间更加清澈明亮。

本作品带你领略个性与生活的完美结合，打造既低调又富有品位的生活居所。

- 地面为深棕色，由深到浅，由暗到明的色彩搭配，增强了空间的层次感。
- 大厅空间摆放了一架钢琴，提升了空间的档次，同时向访客展示了主人的生活品位。

波希米亚风格的玄关设计为室主人带来惬意、自然、舒适的感官享受。

- 橙色、棕色、白色形成中纯度与明度的色彩搭配方式，整个空间呈现出温馨、柔和、自然的视觉效果。
- 绿植与木地板以及木凳的组合，利用木材自身带有的天然、原始特性，可以起到放松、舒缓心情的作用。

7.15 既省钱，又能装修出好的空间

　　大家都知道装修比较烦琐，因而，我们要合理地规划。在装修时，不能一味地听从别人的安排，要借鉴他人经验并结合自己的独到见解，进行修改调整，将装修进行阶段化划分，就会轻松地完成家居装修。

本作品设计手法简单又不缺少时尚，便捷又节省空间。

- 电视柜的空间大方又简洁，采用中间为电视、两边对称的设计方式。
- 简约的空间设计，沙发对称式地摆放，有助于家人的情感交流，使空间丰满而不空旷。

本作品整体空间使用干练的表现手法，使用创意家具进行装饰。

- 在小空间中为了节省空间，运用了抽拉床，当朋友到来的时候，把床下面的抽屉拉出来，就可以得到一张单人床。
- 整个空间小巧但功能性齐全，具有多功能性。

本作品利用客厅沙发后的区域做了一个具有书房功能性的空间。

- 客厅和书房结合为一体，节省了再造书房的空间。
- 考虑到实用性、合理性的需求，定制打造了简易柜子，作为书架、收纳柜来使用。